經營顧問叢書 ㉖②

解決問題

張崇明 編著

憲業企管顧問有限公司 發行

《解決問題》

序　言

管理人員每天做最多的工作、花費最多的時間就是解決問題。在面對越來越多的頭痛問題時，很多管理人員卻對解決問題感到很無助！

同樣的問題不斷重覆發生，卻不知道如何控制和預防；遇到突發或者意外事件，驚慌失措，不知道該如何處置；構思了很長時間，但是卻發現決策在實施過程中不見任何成效；看問題作決定，沿用舊方法；沒有預防措施，天天忙於到處救火……

管理大師彼得·德魯克認爲，管理要解決的問題有 90%是共同的。企業的競爭能力，越來越體現在管理人員的能力上，特別是對問題的解決能力。實際上，這種能力是一種可以培養的能力，是以問題解決爲導向，對問題進行發掘、定義、檢討、原因分析、對策擬訂、決策分析、執行確認和防止再發，並進行系統的分析和表達的思維方法。

一天，動物園管理員發現袋鼠從籠子裏跑出來了，於是開會討論，一致認為是籠子過低所致，決定將籠子的高度由原來的 10 米提高到 20 米。可是第二天，他們又發現袋鼠跑出來了，於是又將籠子提高到 30 米。

沒想到隔天袋鼠又全跑到外面。管理員們大為緊張，決定一不做二不休，將籠子的高度直接提到 100 米。

一天，長頸鹿和幾隻袋鼠們閒聊，「你們看，這些人會不會再繼續加高你們的籠子？」長頸鹿問。「很難說，」袋鼠說，「如果他們繼續忘記關門的話！」

任何工作都有「本末」之分，關門是本，加高籠子是末，捨本而逐末，當然解決不了問題。管理是什麼？管理是先分析事情的主要矛盾和次要矛盾，認清事情的「本末」、「輕重」、「緩急」，然後從重點著手解決。爲此，經理們首先一定要弄清楚管理中什麼是重要的事情。

管理大師彼得•德魯克說：「人要創造事件的發生，採取行動才是管理的第一步。」

企業面臨的問題各種各樣，不論什麼行業，不論公司規模大小，任何一家公司都有各種問題，關鍵在於如何揭開重重迷霧，看到問題的本質和根源，並能利用有限的資源快速而有效地解決。

很多管理者都只懂得「等待」，例如等經營環境好轉，等客戶自動上門……這樣的管理方式永遠不會成功。只有及時發掘問題，對症下藥，不斷改進經營方式，增強經營能力，才能求得企業的健全經營及長遠發展。

本書《解決問題》是針對企業如何解決問題而撰寫，深入淺出地將發現問題，解決管理問題的訣竅、實際做法等提供給讀者，包括企業中常見的具體問題、解決問題的思維方式、解決問題的流程與技巧，希望對企業、讀者能有裨益。

2011 年 5 月

《解決問題》

目　錄

第 1 章

認識問題

一、問題解析

「何謂問題？」突然間被問到時，也並沒有好的答案。

在歐美人的日常生活中，「問題」和「麻煩」的意義大抵相同。說「有問題嗎？」等於是「有麻煩嗎？」的意思。說「沒有問題」就等於說「沒有麻煩」。

所以「問題」一詞的使用因人而異，在方法上顯得雜亂，解決問題的原理、原則也莫衷一是，得不到共識。因此，對於問題的涵義，有加以統一界定的必要。

把問題定義爲：問題就是目標與現狀的差距。所謂目標就是「應有的態勢」、「期望的狀態」、「預期的結果」等；所謂現狀是指「實際的態勢」、「料想不到的結果」等。

更簡明的表達方法爲：目標就是「如何才好」；現狀就是「目前如何」。所謂差距就是分歧不合。目標如果和現狀一致，就「不成問題」了。

假定銷售目標是 1000 萬元，而現狀只達成 800 萬元時，其差額(差距)是 200 萬元。因此可以說：「問題出在未達成目標的 200 萬元」。

又如，合格產品發現率的目標如約為 98%，而現狀只達成 90% 時，則問題出在未達成目標的 8%。

再如，建築工程的預定工作期間是 12 個月，拖到 13 個月才完工時，則可以說：「問題出在慢了 1 個月的進度」。

如果「目標和現狀的差距是問題」，朝著目標提升現狀則是「問題解決」。然而現狀不能朝著目標提升時，又該如何？

「問題是目標與現狀的差距，且為必須解決的事情。」也就是說，當事情不能解決或沒有誠意解決時，不必把它當做問題。

當目標可以數量化時，譬如，銷售額、利潤、銷售台數、市場佔有率等，其差距是明確不變的。但當目標不能數量化時，差距應如何衡量？

能數量化者稱為定量目標，不能數量化者稱為定性目標。定性目標的例子包括信用度、知名度、滿足度、企業形象、工作意願等。

對於類似「提高公司信用度」這種目標而言，信用的提升和下降如何去瞭解？如果問題是「沒有提升信用度」，則其衡量標準又是什麼？銀行都備有融資企業的信用度評估表，例如，A 級或 AA 級等，這是對融資期限的代號，即銀行在貸款前先測定申請貸款企業的信用，再根據其信息等級來決定是否給予某公司融資及融資額度等。

因此，定性目標如果沒有某種方式的評估標準，則無法判斷目標是否達成。知名度、企業形象等也是經過反覆實施社會調查後，才能加以判斷。

總而言之，目標有必要以某種方式加以測定，就像「自我滿足」極富主觀色彩，但這也成爲一種自我測定的衡量標準。

問題有 TPO(Time Place Occasion)之分，即因爲時間、地點和場合而變化。

最常見的是有形的問題。最典型的例子就是「機械故障」，平常正確告知時間的鐘錶停擺了，任何人大概都會認爲這是問題。因爲鐘錶是正確擺動以告知時刻的機械，一旦因故障而停止擺動，就是發生問題了。

人類所製造的機械、設備等物理產品自不用說，即使藥品、食品等化學產品，甚至法律、制度等社會產物，都有其原始的製作目的。當這些產品、產物不能有效發揮功能時，問題就來了。

儘管如此，問題並不以機械故障等肉眼可以看見的爲限。相反地，肉眼不易看見的問題會更多。

肉眼看不見的問題，當然很難覺察它的存在，因此容易忽略。就像癌細胞一樣，等到發覺時，往往已回天乏術。

「有形的問題」是怎麼樣的問題？並沒有討論的必要。碰到這種問題，只要馬上採取措施即可。但是，對於「無形的問題」，要先查明是否有問題，爲何成問題？

例如「盲人與象」的故事，六個瞎子都摸了大象，摸到鼻子的說，大象像蛇；摸到耳朵的說，像扇子；摸到大腿的說，像樹幹；摸到象牙的說，像槍；摸到肚子的說，像牆壁；摸到尾巴的說，像草繩。彼此各執一詞，爭得面紅耳赤。

六個盲人只是根據個人所觸摸確認的事實進行判斷，他們本人所認定的事實，不過是整體的一部份。我們在思考問題時，是否也跟這些盲人一樣，只根據自己的所見所聞來認定問題的範圍或內容？

「我認爲問題的癥結在此」，雖然如此確信，但事實上也不過是較大問題的一部份而已，這種情形屢見不鮮。在會場上，如果爲「類似到底是象的鼻子還是尾巴的問題」爭論不休，最後當然不會有結果。

因此，發現問題並不是件簡單的事情。「發生事故」、「發生不滿情緒」、「製造不良產品」，這些都沒有刻意尋找問題的必要，因爲「問題已經發生了」，不用去找，卻已經衝著我們來了。

在這種情況下，事實上並不是要等問題發生以後，才來思考對策。最重要的是在問題發生以前，就能察覺問題的存在並「防患於未然」。一般而言，事前應對與事後處理相比較，在時間上或經費上的負面效果較少。

平常面對「無形」的問題時，我們都傾向於像「瞎子摸象」一樣，只根據眼前或局部事實思考問題，而忽略了問題的整體。爲避免這種缺失，在問題形成的過程中，賦予事實地位，掌握事實相互間的關係等特別重要。即使把六個盲人的證言全部連接起來，也不能看出象的整體面貌，因此有必要推測欠缺的部份，以補充事實。無形的問題，有時大致上已經有所瞭解，只是無法掌握原因、擬訂對策而已。因此，必須明確地界定問題、原因、對策等概念。在這個世界上，有些人對問題相當敏感，能從芝麻小事的資料中，立刻找出問題、形成問題的原因。這種人條理分明，能夠把既成事實和未知事實巧妙地聯結在一起，具備了分析「形成問題」的能力。

所謂問題，是指「目標和現狀的差距，且應加以解決的事情」。實際上，什麼是問題，很難判斷。

以「超速開車而引起車禍」爲例，問題究竟是「超速開車」？還是「車禍」？

兩種答案的人，所佔比例各半，還有人說兩者都是問題。倘若這樣的話，那豈不成了任何事情都是問題了？

讓我們想一想因超速開車，而引起「車禍」的案例。顯然，「超速開車」是「車禍」的原因，但因一般人腦海中有「超速開車是壞事」的觀念，所以「超速開車」也變成問題了。

然而「超速開車」必然是壞事嗎？在沒有人的曠野中，開車快也不算壞事啊！再如在汽車練習廠裏，初學者即使橫衝直撞也沒有人認爲是問題。

反觀「車禍」，在任何情況下都是問題。理由在於車禍會損失有價值的東西——生命、財產、時間、工作等。所謂「有價值的東西」是指人在生活上所訂立的目標。由於「車禍」的發生，使目標與現狀產生了差距。

在此，我們要使問題和問題點的區別明確化，雖然我們事實上在日常生活中，並不區別這兩者。其中也許有「在幾個問題當中，最重要的問題才是問題點」的言論；也許有「所有問題點中，最重要者才是問題」的說法。

將這一句話套在剛剛的交通事故案例上，「超速開車」毫無疑問地是車禍發生的原因之一。不過與「車禍」有關的其他原因還有很多。如道路凹凸不平、下雨路滑，也可能是造成車禍的原因。

在多數情況下，問題都是由多種原因引發的。如果不發生問題，大家也許就不會去注意這些原因。「道路凹凸不平」、「下雨路滑」，以及「超速開車」既然都可能造成車禍，現在車禍發生了，追究其原因的話，當然「道路凹凸不平」、「超速開車」都可能是原因。

大致而言，問題發生後，或問題明朗化後，想到的原因就叫做「問題點」。

一般形成問題都有多個原因，它們都可以當做問題點加以掌握。但有些問題雖知其原因所在，卻不構成問題點。以車禍爲例，「下雨路滑」雖也構成車禍的主因，但不會成爲問題點。其理由如下：

以「問題點」表現時，在內心會產生「應該想辦法」的心態。所謂問題解決，不過先明白其原因，然後加以去除而已，只不過有時候明知其原因卻也無法去除掉。

因此，針對「超速開車」是有辦法應付的，譬如，提高駕駛技術，注意行車安全都是可以採取的措施。至於「道路凹凸」可以向道路主管單位的政府、市政府等申請補修。惟獨造成「路滑」原因的「下雨」這一項無處投訴，我們不能也無法阻止下雨！因而，下雨雖是「車禍」的原因之一，但並不構成問題點。

到此，讀者逐漸瞭解問題和問題點的不同了吧！以結果形態發生的問題，而問題的原因中有其問題點，所謂問題點是指可以採取對策的原因，也就是說可能改善的方面。

通常一個問題存在著一些問題點，明知其原因也無法處理的，當然要從「名單」中除掉。

經常聽到有人說：「要有問題意識。」

到底什麼叫做問題意識？已經發生問題時，不能慢半拍說：「要擁有問題意識。」無論有無問題意識，問題一旦存在，只有加以解決。換句話說，有形的問題不能使用「問題意識」這個字眼。唯有「無形」、「未察覺」的問題，才有「問題意識」可言。而所謂「問題意識」，是問題出現之前對發生問題的可能性的感受能力。

常常聽到「養生有道」這句話，平常注意保健的人，對於身體某個部位的變化，會警覺地加以處理，或休息或請教醫生。如此保養，便可以大病不患，延年益壽。

相反地，平常對身體健康很有自信的人或根本不去注意的人，不知努力養生，常有離奇死亡的現象；或送到醫院時，已回天乏術、來不及救治。努力養生一事，可以說是對於健康擁有「問題意識」。由上可知，在「問題意識」的背後，存在著「目標意識」。擁有問題意識的另一解釋是：具有明確的目標並能夠掌握現狀。換句話說，沒有目標的人不會有目標意識。

即使滿腹牢騷的人，在沒有明確改變現狀的意識情況下，仍然無法覺察出問題。更不用說滿足現狀「得過且過」的人了。也就是說，沒有問題意識就等於滿足現狀，而滿足現狀(維持現狀)就會導致退步、落伍。

因此，要擁有問題意識，必須明確指出今後進行的方向及目標。如能明確掌握目標或方向，為了有效完成任務，自然會發現必須解決的問題。

問題意識的另一個條件是目標意向明確化。

有「買房子」的目標後，對於房子的形式大小、外觀、內部藍圖、週圍環境等，必須擁有明確的意象。

在自己的腦海裏，意象遲遲不出現時，可以通過雜誌、宣傳小冊、照片、插圖等途徑，去尋求接近自己心目中認為理想的房屋樣式，做成剪報簿，反覆觀看幾次後，不難找出自己理想中的房屋意象。目標意象明確後，可用文字說明，也可用圖形描繪出來時，距離實現目標已經不遠了。

針對目標擁有生動意象，對於工作的進行非常重要。有關目標的情報、資料，盡可能多加收集，並選擇符合自我意象者的進行整理。在整理過程中，漸漸確定自我意象，自己的目標也有了定位。

問題意識的另一個條件是「到何時」爲止。

因爲有些目標的達成要經過漫長的期限。不論長期或短期，必須設定完成期限。達成目標的期限越短，所需解決的問題越困難，但也因此越能表現出解決問題的高超技巧。

問題意識的再一個條件是解決問題的進度。

有了問題意識，在相當程度上，可以預見目標達成的程序。只要設定達成目標的步驟手段，就可粗略地描繪進度藍圖。

在組織中，爲了達成目標，必須具備共同的問題意識。在過程上須先確定組織目標，經過整合各人的意象後來決定目標，最後在達成目標前類比其過程。

二、問題與問題意識

企業在成長過程中，常常會經歷各種不同的階段，遇到不同層面的許多問題點。對於企業來說，發展戰略是成功的堅實基礎，但是企業往往失敗在戰術方面。所謂的戰術失敗，指的是在作業現場的問題點沒能得到及時、有效的解決，從而也相應地使問題層出不窮。這種戰術上的失敗極有可能導致戰略上的失敗。因此，分析企業作業現場所常遇見的各類問題，以及研究企業對問題處理過程中所慣用的方法和技巧，是很有現實意義的。

所謂問題，是指應有狀態(目標或標準)與現實狀態(現狀)二者之間存在的差距，如圖 1-1 所示。所謂問題意識，是指意識到其差距，並有彌補差距的意願。

企業各級管理人員的日常工作重點就是推進課題改善，通過有預見性地發現問題、分析與解決問題，消除日常管理中的主要障礙，推動企業業績的提升。

解決問題的過程就是提高能力的過程，問題就是機會，是改進的機會，是教育當事人及員工的機會。有了這樣的問題意識，管理人員就能利用每一次解決問題的過程，提高自身管理能力，同時提高企業經營績效和業績水準。

圖 1-1　問題的理解

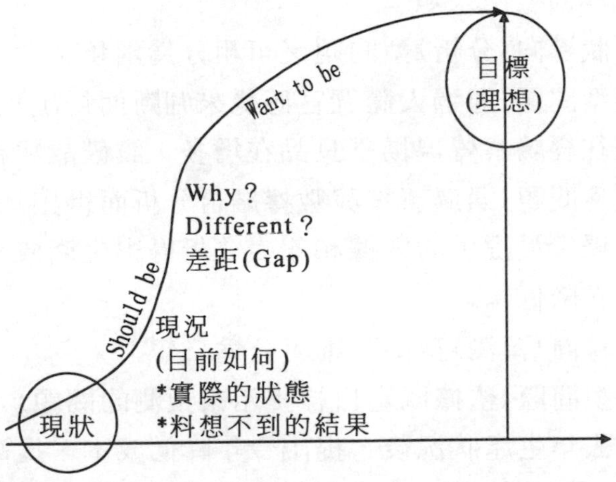

思維解決問題的遊戲

1.猜魚名

在一條船上，國王對王子說：「這兒有一塊魚片，只要你猜對這條魚的名稱，我就讓你吃。你可以用任何認識水準去猜，但就是不能問魚的名稱。

然而，不知道魚名的王子卻在說了一句話之後，獲准吃魚。究竟王子說了什麼呢？

答案見 305 頁

三、問題的分類和常見的問題

1.問題的分類

如果將「問題」依照它發生的時間來分類，則可分爲現狀導向型與未來導向型兩大類。

其中現狀導向(分析)型問題又可粗分爲兩類：

(1)感覺型問題(通過人體五官感覺來判斷而得出)。如：管理人員依據以往經驗察覺現場不良品在增多，設備故障在升高。

(2)摸索型問題(通過事實與數據結合分析而得出)。如：管理人員依據現場人員提供的數據和報表分析得出生產成本在提高，庫存週轉率在降低。

而未來導向(預測)型問題則可分爲三類：

(1)目標型問題(依據既定目標提示來預測的問題)。如：管理人員在總結去年生產狀況後，提出今年降低成本、提高效率的目標。

(2)創意型問題(依據個人工作能力意願預測的問題)。如：研發設計人員提出創意性新產品設計。

(3)新技巧型問題(通過學習專業知識來認識和預測的問題)。如：資訊化工作人員計劃導入生產自動化、電腦信息化。

2.企業常見的問題

所謂管理，就是要管理異常的事情，而正常的事情並不需要加以管理。作爲管理人員，本身並不需要參與具體的生產活動，管理者所要做的就是在工作現場出現問題時，能及時、有效地排除異常的問題。企業工作現場的活動是很複雜的，其中可能包含了很多繁瑣的流程。因此，在工作現場將會遇到很多各方面的問題。

⑴**作業流程不順暢**

每一條生產流水線中，一般都包含多個制程，因此，生產現場最常見的問題就是作業流程不順暢。作業流程不順暢的最直接後果就是公司生產產品所需的平均工時增加，從而相應降低了生產現場的工作效率，甚至導致產品不能按時交貨。當遇到作業流程不順暢時，最常用的方法是再增加同樣的生產線。這樣一來勢必浪費了不少工時，增加了企業對生產設備的投入，從而使公司產品生產的成本不斷增加、效率不斷下降。

⑵**不良品混入**

如果生產現場不是井井有條，就會經常發生不良品混入的情況。所謂不良品的混入，指的是進料檢驗過程中出現的漏檢，導致一部份不良的原料混入生產線；或在進料檢驗過程中已經檢驗出來，並隔離在倉庫，而在領料的過程中又粗心地領出來，混入了生產製造過程中；甚至有可能檢驗隔離出來的半成品，在進入下一道工序時又粗心地混入其中。

不良品的混入必然會造成重覆返工。如果重覆返工在作業過程中經常發生，就會相應地使產品的品質不斷下降。最後，不合格的產品必將直接導致客戶產生抱怨，要求退貨；更爲嚴重的是，客戶以後不再願意與企業合作。產品品質的好壞，直接影響生產企業的聲譽，影響客戶對企業的信賴度，最終必將嚴重損害企業在廣大客戶心中樹立的企業形象。

⑶**設備故障**

設備故障也是生產線中經常出現的問題點。生產中，往往是通過對生產設備的經常維護保養以及出現問題後的及時維修，來保證生產設備的正常使用。生產設備的使用壽命一般都比較長，但在生產過程中設備可能突然發生故障，導致企業來不及正常生產急需的產品。

另外，在生產現場可能將不同的工作模具混放在一起，這樣，由於工作模具用錯而生產出來的不合格產品，是很難補救的。

⑷**資金積壓**

作爲企業的管理者，最關心的就是資金的流動問題。生產過程中的半成品或成品積壓在倉庫，這些庫存就會積壓資金，這對企業的成本管理以及資金的有效流動是極爲不利的。

積壓在生產線上的半成品數量通常很難統計，往往只能憑感覺來判斷是比上月多還是少。生產管理人員常常誤認爲半成品較多是因爲本月比上個月的訂單多。然而實際情況並不一定如此，管理人員需要深入瞭解半成品積壓的真正原因，否則勢必容易出現重大的品質事故。

⑸**人增加但績效卻不能相應地增加**

在很多企業中，人力的增加並不能相應地帶來產能的增加。企業處於市場蓬勃發展的有利時機，處於這種情況下的企業首先應該考慮的不是降低成本，而是竭盡全力更多地搶佔市場。因此，企業會想盡辦法全力支援銷售部門，在爭取到訂單的前提下增加生產線，以儘快完成訂單。當產能和人力不足時，企業才會增加相關的人員。但是，問題往往是人員雖然增加了，而產能卻沒有相應地得到明顯的增加。

⑹**安全事故增加**

在生產現場還可能出現一些重大的安全事故。安全事故的影響是很大的，發生安全事故會直接打擊員工的工作士氣。尤其是加工企業和生產作業環境的危險程度比較大的企業，更應針對安全生產的特點，認真地做好生產管理。

任何企業只要生產活動還在進行，就難免有不安全的因素存在，同時也就存在著安全事故的防範問題。可以毫不誇張地說，這一管理工作在生產現場具有極爲重要的地位。因此，企業必須嚴格地排除並隨時防範任何可能出現的安全隱患。

3.常見問題的錯誤解決方式

當企業的管理人員發現生產現場的問題時，就會思考解決問題的方法。但是，通常的解決方法往往只是解決表面問題，經過一段時間，問題又可能重覆發生。例如，發生重大事故時，企業就將所有的管理人員集中在一起開會，討論了很長時間才拿出臨時改善方案，到最後卻發現問題依然存在。

實際上，很多管理人員並沒有仔細地分析問題，沒有意識到問題產生的根源，採取的措施常常過於表面化，而不能使問題得到真正的、實質性的改善和解決。例如，當產能不夠時，往往是因爲產能利用率不高所造成的，直接增加作業人員並不會對產能利用率的提高有任何改善。

正確的方法應是在招聘作業人員時就事先注意擇優錄用，優秀的作業人員的個人績效高，企業能最大限度地發揮這些作業人員的技能，整體的產能自然也就可以得到大大提高。所以企業管理人員必須瞭解問題的結構，學會系統思維的方法，運用各種分析手法和工具，熟悉解決問題的流程，方能真正有效遏制問題的發生，從根源上有效解決問題。

圖 1-2　常見問題的解決錯誤方式

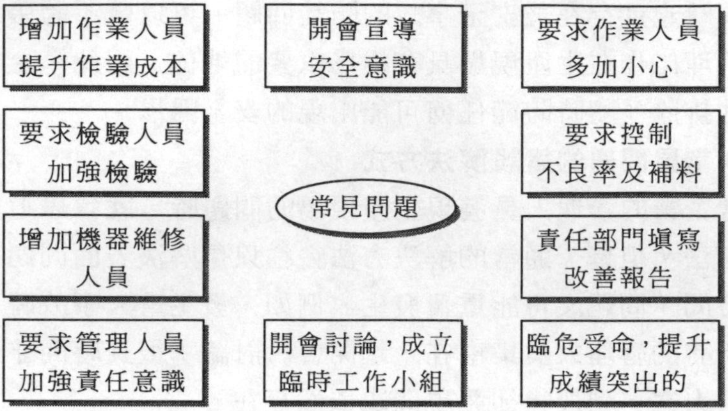

增加作業人員
提升作業成本
開會宣導
安全意識
要求作業人員
多加小心
要求檢驗人員
加強檢驗
要求控制
不良率及補料
常見問題
增加機器維修
人員
責任部門填寫
改善報告
要求管理人員
加強責任意識
開會討論，成立
臨時工作小組
臨危受命，提升
成績突出的

四、問題的結構與系統思維

1. 問題的結構

圖 1-3　問題的冰山結構

問題結構有如冰山
事出必有因
現況
未來
現象(可感覺，可量測)
問題
處置
why
n 次
(遠因)
治本
why
why
why
why
n 次
(近因)
治標

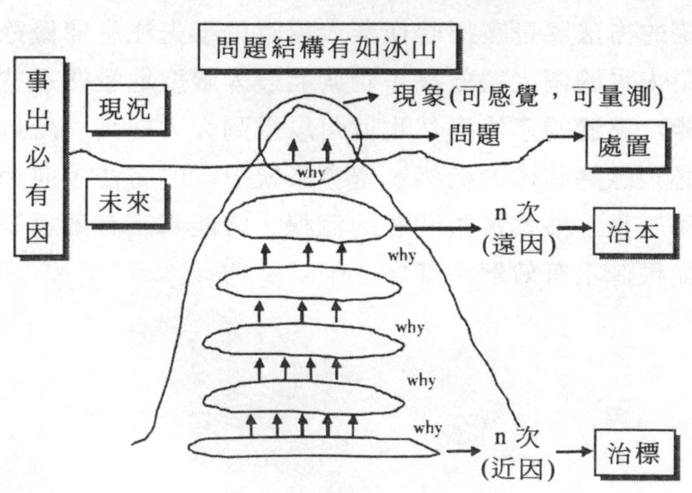

「冰山原理」是現代美國著名作家海明威的創作方法和藝術風格。海明威把自己的創作比作「冰山」，並用「冰山原理」來形象地概括自己的藝術創作風格和技巧。他認為：一部作品好比「一座冰山」，露出水面的是 1/8，而有 7/8 是在水面之下，寫作只需表現「水面上」的部份，而讓讀者自己去理解「水面下」的部份。問題的結構有如冰山，通常工作人員或管理人員看到的只是通過人體感官或測量手段發現的一些表面現象，而更深層次的內容和根源則需要管理人員、技術人員和工作人員共同運用先進的管理手法來發掘並加以改善，如此才可以從根源上徹底解決問題，防止問題的發生和再發生。

2.系統思維

問題的結構如冰山一般，通常工作人員或管理人員只能發現一些問題的表面現象，所以要求相關人員在面對問題和改善問題時應該具備系統思維能力，包括邏輯思維、推理思維、系統思維和創造性思維等能力。只有具備了系統思維的能力，才能發現問題的根源(或發生源)，運用行之有效的工具和手法，從治本的角度有效地改善問題，防止問題的發生和再發生。

⑴邏輯思維

現代社會因獲取信息很容易，能很快找到答案，困難的反而是如何發現正確的問題。這時候邏輯思維就顯得非常重要，因為當你的邏輯思維受到牽絆時，就不容易找到事理的根源。所以在解決問題時首先要培養自己的邏輯思維能力。

有一次，愛因斯坦在課堂上問學生：「有兩個工人，從煙囪裏爬出來的時候，一位很乾淨，另一位卻滿身的煤灰，請問誰會去洗澡呢？」其中一位學生說：「當然是滿身煤灰的工人會去洗澡！」愛因斯坦說：「是嗎？請你們注意，乾淨的工人看見另一位滿身的煤灰，他覺得自己身體一定也很骯髒，另一位看到對方很乾淨，就不這麼想了。現在我再問你，誰會去洗澡？」另一位學生很興奮地說：「一定是乾淨的煤灰工人去洗澡，因為他看到骯髒的工人，認為自己也很骯髒，所以會馬上跑去洗澡；另一位骯髒的工人，看到乾淨的工人之後，就不覺得自己骯髒，所以不會去洗澡。」愛因斯坦看了看其他的學生，所有的學生似乎都同意這個答案。愛因斯坦最後慢條斯理地說：「這兩個答案都是錯的，因為兩人同時從煙囪爬出來，怎麼可能一個乾淨，另一個骯髒呢？這就叫做邏輯。當一個人的思維受到牽絆時，往往就不能十分清楚地找尋到事理的根源。」

⑵推理思維

推理性思考是由一個或幾個已知的判斷作爲前提，推導出一個未知的結論的思維過程。其作用是從已知的知識得到未知的知識，特別是可以得到不可能通過感覺經驗掌握的未知知識。推理主要有演繹推理和歸納推理。演繹推理是從一般規律出發，運用邏輯證明或數學運算，得出事物應遵循的規律，即從一般到特殊。

推理與概念、判斷一樣，同語言密切聯繫在一起，推理的語言形式爲表示因果關係的複句或具有因果關係的句群，常用「因爲……所爲……」、「由於……因而……」、「因此」、「由此可見」、「之所以……是因爲……」等作爲推理的關聯詞。需要注意的是，如果不能考察某類事物的全部對象，而只根據部份對象作出的推理，不一定完全可靠。

有天使、惡魔、人三者：天使時刻說真話；惡魔時時刻刻都說假話；人呢，有時候說真話，有時候說假話。

穿黑色衣服的女子說：「我不是天使。」

穿藍色衣服的女子說：「我不是人。」

穿白色衣服的女子說:「我不是惡魔。」

那麼，她們分別到底是誰?

首先，我們來分析第一句，說「我不是天使」的人不會是天使，如果說是天使的話，不就說明天使說謊話了嘛；當然也不會是惡魔，因為如果是惡魔說的，就變成惡魔說真話了。第二句，說「我不是人」的可能是人，也可能是天使，但絕不會是惡魔，因為如果是惡魔說的，就變成惡魔說實話了。最後一句，「我不是惡魔」可能是人和天使其中的一個，也可能是惡魔。我們把推理的結果整理一下，就變成了：說「我不是天使」的一定是人，說「我不是人」的是天使，說「我不是惡魔」的那個就是惡魔了。因此，穿黑色衣服的是人，穿藍色衣服的是天使，穿白色衣服的是惡魔。

⑶**系統思維**

麻省理工學院的彼得・聖吉教授認為有五項修煉是通向學習型組織的必經之路，而其中的第五項修煉——系統思考則是這個過程中的關鍵。日本的管理大師大野耐一當初正是自覺不自覺地貫徹了彼得・聖吉的思想，用企業的系統性思考為理論基礎，才創出了成功的豐田(精益)生產方式。所謂系統性思考，就是一種能夠瞭解事理因果關係的思維邏輯，「因果關聯性」是其中的關鍵詞。也即面對任何事情時，都有其因時空變遷，而展現出因果糾葛的複雜面。必須想清楚目的所在，不能只看一個點，不去思考衍生的問題。換句話說，就是要以「全部最適」代替「部份最適」，以「長期最適」代替「短期最適」的思考方式解決問題的根源。

⑷**創造性思維**

創造性思維是將從前不相關的事物或觀念串聯起來。創造性思維所運用的，都是已經存在的事物或觀念，也就是說，創造性思維的目的，並不是爲了要創造全新的概念，而是要我們運用既存的概念去產生一些新奇的想法。

①屬性列舉——依據給定的某種特性或者標準，儘量想出符合條件的事物。

如：左右結構的漢字有那些？

②羅列途徑——儘量想出解決問題的可能方法或途徑。

如：用多種方法解答一道題目。

③詳列用途——要求列舉事物可能的用途。

如：廢舊的可樂瓶有什麼作用？

④推測可能——利用想像推測事物可能的發展結果及其原因。

如：小明晚上一直沒回家，可能有那些危險？

⑤異同比較——就兩個或兩個以上的事物或概念，從多個方面比較相同或相異之處。

如：蘋果和雞蛋有什麼相同與不同？

⑥重新組合——按照事物的性質、用途、種類等，予以重新排列組合成新東西。

如：站在山上往下看會看見什麼東西？請歸類。

⑦替換取代——用其他方法、事物替換已有的事物。

如：長跑這種健身方式可以用什麼代替？

⑧編寫故事——利用熟悉的課文，改變它的題目、內容或頭尾。

如：新編《西遊記》。

⑨類比隱喻——運用想像，將人、事、物相互比擬，掌握或產生新的見解或觀念。

如：天上的白雲你認為像什麼？

⑩建立假想——激發想像不可能為可能時的狀況。

如：假設沒有春夏秋冬，生活將有什麼變化？

⑪感官並用——利用各種感官去感知事物或表達想法和情感。

如：用多種感官去捕捉生活中的事情。

⑫錦上添花——對於某一事物或觀念、見解，能提出改進的意見，使其更完美。

如：請列舉出改進書包的方法。

思維解決問題的遊戲

2.智脫險境

一次，一位十分富有的商人在一言不發地低頭看書。就在他偶爾抬起頭來的時候，卻發現有個年輕貌美的女人正在看著自己。這個女人總是時不時地流露出對商人的好感，並終於將禁不住誘惑的商人騙進了自己的房間。誰知剛一進門，這個女人就露出了她的本來面目，威脅商人如果不給她一筆數量可觀的錢，那麼就要大喊大叫，說商人竟敢對自己欲行不軌。

這時的商人才明白自己遇上了一個女詐騙犯，可既然自己在她的房間裏，那麼不管怎麼解釋這件事情，又有誰會相信呢？情急之下，商人突然想到了一個對策，並很快就擺脫了這個可惡的女詐騙犯。

請問，商人到底是如何使自己巧妙脫身的呢？

答案見 305 頁

五、問題的應對方式

發現問題並不是我們的最終追求，發現問題的目的是解決問題。解決問題的方式通常有以下五種：

1.徹底解決：提出最好的解決方案(最優化)。

松下幸之助說：「工作就是不斷發現問題，分析問題，最終解決問題的一個過程——晉升之門將永遠爲那些隨時解決問題的人敞開著。」工作的實質，就是憑藉我們的能力、經驗、智慧，憑藉我們的幹勁、韌勁、鑽勁去克服困難，解決那些妨礙我們實現目標的問題。

2.妥協：提出適中的解決方案(滿足)。

3.消除：通過改變目標或條件消除問題(消去)。

4.等待：等待提出解決方案(等待、遺忘)。

5.逃避：主動地、有時甚至敵對地逃避問題(逃避)。

在工作中遇到問題，積極的人找方法解決問題，消極的人找藉口廻避問題。比如，當業務拓展不開、工作無業績時，積極的人會想是不是自己的工作方法有問題，或者自己的經驗有欠缺；而消極的人則會想，都怪主管指揮不當，同事的配合不夠默契，反正自己盡力了……

為了能逃過貓的眼睛獲取更多食物，老鼠們開會研究如何才能不被貓捉住。大家你一言，我一語，但是建議都被輕而易舉地否定了。終於，有一隻非常聰明的老鼠提議說，在貓的脖子上掛一個鈴鐺，那樣，貓一走動，鈴鐺就會響，而老鼠聽到響聲就可以立即逃走。這一建議引起了全體老鼠的歡聲雷動，大家一致說：「這個主意太棒了！」可是，最後它們又犯了愁，方法是好，可是怎麼才能將鈴鐺掛到貓脖子上呢？剎那間，全體老鼠鴉雀無聲。

這個故事說明，光提出問題是沒有多大價值的，關鍵在於能夠解決問題。這就如同對著一塊田地，夢想著收穫的美景卻不肯去播種一樣。

六、傳統的解決問題

傳統的解決方式都傾向於管理人員、技術人員或作業人員依據自身的地位、權威、知識和以往的工作經驗，通過感官等方式從定性方面來判斷問題、分析問題和解決眼前問題；至於事實真相、根本原因一般無法徹底追究、解決。其結果是在分析、解決問題時，經常遺漏了最爲關鍵的部份，使得問題越來越嚴重和複雜。更何況一家企業組織龐大，人員混雜，對於各種問題的認知與判斷如果各依自己的主觀意見去處理，則企業不但無法解決問題，更無法順利經營。

圖 1-4　解決問題的傳統思維模式

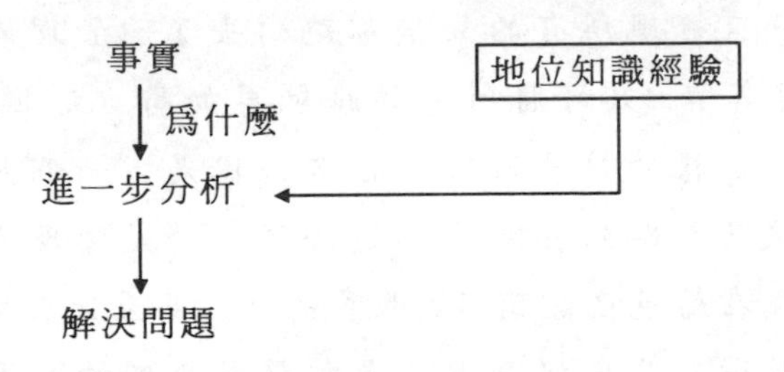

因此如果企業只是利用傳統的手法及觀念去解決問題，勢必不足以應付變化萬端的企業環境。這就有賴於全面性的問題解決模式。

有一家動物園，圈養了很多大袋鼠。動物園在飼養袋鼠時，袋鼠在籬笆裏面跑來跑去，所有遊客都能清楚地看到袋鼠活動時的情形。但是，動物園的管理人員發現，所有的袋鼠全跑到長頸鹿那邊去了，這種現象讓所有的動物園管理人員很緊張。

因為袋鼠的身高是 1.5 米，而籬笆只有 2 米高，袋鼠用力一跳就可以跳出籬笆。所有的管理人員經過仔細研究以後，決定把籬笆從 2 米圍到 2.5 米高。但是，圍起來的第二天，袋鼠又統統跑出去了。所以管理人員打電話詢問澳大利亞的動物學家：袋鼠到底能跳多高？澳大利亞的動物學家告訴動物園管理人員一個事實：袋鼠最高只能跳到 2.5 米。所以籬笆應該沒有問題，可能是籬笆本身的結構存在問題。管理人員馬上將籬笆拍照，迅速傳真到澳大利亞。澳大利亞的動物學家發現，果然是籬笆本身的結構不對。因為動物園管理人員沒有注意到袋鼠的兩隻前爪很有力，籬笆不是鐵欄杆的，而是網做成的，袋鼠就是通過網格爬出去的。因此，管理人員在加高籬笆的同時向內彎折，因為一旦折進去，袋鼠爬到最上面時自然就會掉下來。當管理人員完成籬笆改造後，第二天，又發現所有的袋鼠都跑出去了。管理人員更加奇怪了，百思不得其解，只好將所有的籬笆再加高，並且再加第二道、第三道籬笆。這樣的抗爭持續了很久，但是，一個月之後，管理人員發現袋鼠又全跑到長頸鹿那邊去了，於是管理人員絕望了。

為什麼現在籬笆已經有 10 米多高了，甚至比長頸鹿還要高，而且管理人員還在開會研究要不要把籬笆再繼續加高，或者做成像鳥籠一樣。其實，後來發現問題出在管理人員身上：管理人員每次喂完袋鼠之後，總是忘記了關門。

管理者真正的價值不在於參與生產，而是能否在生產現場出現問題時，及時有效地使問題得到根本性的解決。生產現場的活動是很複雜的，在生產作業現場常見的問題也有很多，如作業流程不順暢、設備故障、安全事故、重覆返工、物品標誌不清、異常未及時發現、異常事故重覆發生，等等。當企業的管理人員發現生產現場的問題時，很多管理人員並沒有仔細地分析問題，通常的解決方式往往只是採取補救的措施，只解決了表面問題，沒有使問題得到真正的、實質性的改善和解決，經過一段時間，問題又可能重覆發生。

在遇到問題時，首先要界定問題──問題點究竟出在那裏。管理人員在分析問題來源的過程中，可能涉及相當多的部門。因此，界定問題絕對不是要界定責任，而是爲了徹底尋找問題產生的根源，從而爲下一步更好地衡量、分析和解決問題打下堅實的基礎。當真正清楚了問題點的核心所在時，我們才能針對核心的問題進行專門、細緻的分析，思考究竟使用什麼樣的技巧和方法去解決問題，才能卓有成效地幫助企業的相關管理者徹底找出完善的整改計劃。在實施了有效的改善措施之後，事情並不是到此爲止了，還需要將所做的有效措施進行標準化，把應做到的事情都分別按步驟逐個記錄下來，並要求每個部門都嚴格按照這種方式運行。這樣，才能出色地控制問題點。另外，還需要對措施實施後的效果進行追蹤，並逐步將有用的經驗標準化，積累經驗，以便於將來出現類似問題時能及時地採取有力的措施。這對於提高公司的信譽是非常有利的。

七、全面性的問題解決程序與手法

科學解決問題的過程或系統解決問題的過程，就是指將解決問題的過程分成「問題發掘，問題定義，問題檢討，原因分析，對策擬定，決策分析，效果確認和防止再發」等幾個階段或步驟。在每一階段的步驟中，均須配合一些統計手法的運用來有效地解決問題。

表 1-1 問題解決的階段與運用手法

階段	運用手法
問題發掘	1.發掘(腦力激盪法、名目團體法、面談法等) 2.方向(缺點列舉、優點列舉、希望列舉、特性列舉) 3.整理(KJ 法、系統圖、魚骨圖)
問題定義	4W(What、When、Where、Who)
問題檢討	1.問題的影響、控制——問題選定的理由(Why) 2.現狀的掌握(How，How many，How much) 3.觀察、收集和彙集數據(統計圖、查檢表等)
原因分析	1.數據情報(特性要因圖、查檢表、柏拉圖) 2.語言情報(特性要因圖、系統圖、KJ 法、5Why)
對策擬定	1.腦力激盪、系統圖、特性要因圖、問題對策集 2.處置對策、治標對策、治本對策 3.可控制階層、範圍
決策分析	1.決策目的 2.決策限制 3.決策評估(達飛法、多數表決法、決策矩陣法等)
效果確認	1.推移圖 2.柏拉圖
再發防止與模式建立	1.標準化(品質履歷、問題對策表) 2.模式化(QC story、FTA、FMEA、PDPC、系統圖、矩陣圖)

第2章

發現問題

一、誰的問題

「問題？是誰的問題？」問題的當事人才是解決問題的最基本條件。

掌握問題的方法因人、因立場而異。

「產品沒有競爭力，是因爲製造成本過高」，這是營業部門在產品滯銷時的說詞。

「是營業部門努力不夠，才使產品無法銷售出去，無法大量生產，成本也無法降低」，這是製造部門的話。

像這樣的爭論永無休止。

就材料、產品的庫存來說，工廠生產或建築工程所謂的材料不足時，會帶給生產或工程的障礙。因此，把材料儲存場設置在生產或建築工程附近，以確保材料來源無疑是相當重要的。這件事表面上看來很平常，但事實上則因生產主管或倉庫主管立場的不同，而形成不同的問題意識。從另一個角度——會計部門來看，則認爲購買大量的物資材料，到處設置材料儲存場，顯然是浪費的。同理，他們對於在庫產品的看法也是如此。

從營業的立場來看，最好把堆積如山的庫存品，存放在銷售店附近，因爲商品不足會延遲商機。就管理部門而言，這樣則會使庫存品過剩，增加利息和保管費用的負擔，嚴重影響資金的調度。因此，材料或產品的庫存必須適可而止，在綜合考慮各種條件後決定一個最適量的結果。各單位應該拋棄本位主義，從公司整體立場、在高層人員的方針下，作出最適當的決定。

在此指出因爲立場或TPO(Time Place Occasion)不同而產生不同問題的幾個例子。

・銀行櫃台正大排長龍。如果你是本銀行的經理，目睹這一情景，認爲是問題嗎？

・醫院的候診室正大排長龍。如果你是院長，目睹這一情景，認爲是問題嗎？

以上兩例，就「大排長龍」的現象而言，同樣的現象有時候會成爲問題，有時候則不然。前者的正確答案是有問題。不要以爲客人多了就沾沾自喜，因爲如果每次到銀行去，總是像菜市場一樣的人群嘈雜，客人在百忙之中會裹足不前，而轉移陣地。對每個用戶而言，銀行的利用條件都一樣，客人自然會選擇不要等太久的。但這個情況只限於銀行林立的城市，在少有銀行的鄉下自然不同。對於後者的正確答案是沒有問題。想想病人門可羅雀的候診室是怎樣的情形呢？這意味著患者認爲該醫院醫術水準低劣。病人多，可證明醫師是名醫，所以患者趨之若鶩。不過，如果等久了，患者也將會轉移陣地。

立場不同，目標也有差異。「問題是目標和現狀的差距」，目標不同，當然問題也就不同。銷售經理的基本目標是增加銷售量。

因此，其主要問題就是：「銷售目標額未能達成」、「銷售成長困難」等。製造經理的基本目標是在一定的品質和成本條件下，「確保生產量」。因此，其主要問題是：「未能達成生產計劃」。安全經理的基本目標是確保安全，所以其主要問題是：因發生事故所引起的「安全記錄的不穩定」。

在實際案例上，各種具體標的(Target)與其基本目標(Goal)的關聯性，必須正確地加以掌握。總之，立場明確化是極端重要的事情。無視立場時，會有怎麼樣的後果呢7

二、如何確定問題

立場也有各種不同的種類，譬如，個人立場、部門立場、或超越部門計劃的立場等等。以職稱來看，則有一般職稱、領班人員、管理人員、經營者之分。由於立場的不同而使目標不一，因而對策的範圍也有差異。

一般而言，我們會說：「該公司有問題」，譬如：

•「業績急劇下降了。」

•「公司內派別對立。」

•「開空頭支票」等。

但站在解決問題的立場來看，這樣講並不完整。所謂「解決」，必須始終抱著由誰來解決的觀念。沒有主體性的立場，如何能解決問題？確定問題的前提：明確必須解決的主體性。唯有立場的明確，才能確定問題。

原本立場就存有各種不同的限制，這是從使問題發生的間接原因。舉例而言，有雄厚的資本，就比較不會開空頭支票；有優秀的技術人才，或許就可開發新產品，而防止銷售額的下降。由於所謂人、物、財、信息等經營資源的限制，才使得問題容易發生。

由此看來，規範問題的條件只有目標和現狀還不夠，必須加上：經營資源的限制及其與問題關係的明確化。

至於「對於什麼是問題」，總算有一個嚴謹而明確的意義。即：問題因目標與限制條件而獲得確定，另一種詮釋是：問題的基本結構決定於目標與限制條件。所謂結構，就是內涵組織的意思。

在企業經營的過程中，有時候雖明知「可能成爲問題」，在時間上卻讓人措手不及。有時候因人才不足、資金不足、原料不足、信息不足等原因，而使問題無法避免。

因此，由於沒有充裕的時間，或限於管理資源而使問題發生了。規範問題時，除目標之外，必須對於達成目標所需的限制條件加以明確化。

限制條件乍看之下很難理解，但主要是在於發掘弱點。

「我們公司的弱點究竟是什麼？」

「我的弱點到底是什麼？」

對於自己的弱點作一番客觀的檢討，因爲有了這些弱點的存在，才使得問題容易發生。

因此，不管是企業也好，個人也好，明確瞭解自己的弱點，才是認識問題的基本條件。

在社會上當聽到「高談闊論」或「肆無忌憚」的說詞，往往指不把限制條件放在眼裏的議論而言。因爲無視限制條件的存在，所以敢大放厥詞。

所謂正確認識限制條件的議論，是指明白劃清自己「能」與「不能」的界限而言，無視限制條件而高談「國家大事」，當然是一樂，但與解決問題扯不上關係。

第 3 章

形成問題

一、問題結構研究

與其分析上司交待下來的問題，不如自行發掘問題、研究問題的結構、形成問題。所謂系統，就是由多個相互關聯的要素所構成的活動體。這種說法如果以「問題」的觀點來看，則所謂的問題就是：由多個要素相互結合而成的理論系統。而這種認識爲一般被稱作系統思考。

所謂問題解決，是指從問題發生起、或認識問題起，調查其原因，列舉出問題點，並採取對策。因此，思考的順序應爲：問題→原因→對策。如果問題發生後才著手，則爲：原因→問題→對策。後者稱爲時系列分析。但問題解決的步驟不屬於時系列分析，而是前者的理論分析。

在「現狀如何？」與「結果如何才好？」之間，也就是說，在目標與現狀之間反覆思考多次，以確定其間的差距。一旦差距明確了，問題也就明確了。

問題的明確，只能說明「目標與現狀的差距」而已，對於問題的結構並沒有瞭解。

問題的結構化，是指對構成問題的各要素間的關係加以明確定位。這些要素關係如果亂了，將形成問題發生的原因。因此，在瞭解原因、掌握問題之前，有必要先瞭解問題的結構。

現以「酒後開車而發生車禍」爲例，說明問題的結構化。結構化的基準可分爲三個階段。

最單純的結構化例子，是形成原因的三個可能要素與事故間成直線關係。三個可能原因要素爲(A)、(B)、(C)，其相互關係完全不明確，因此也就無法確定問題點的優先順序，從而掌握原因。

圖 3-1　最簡單的結構化例子

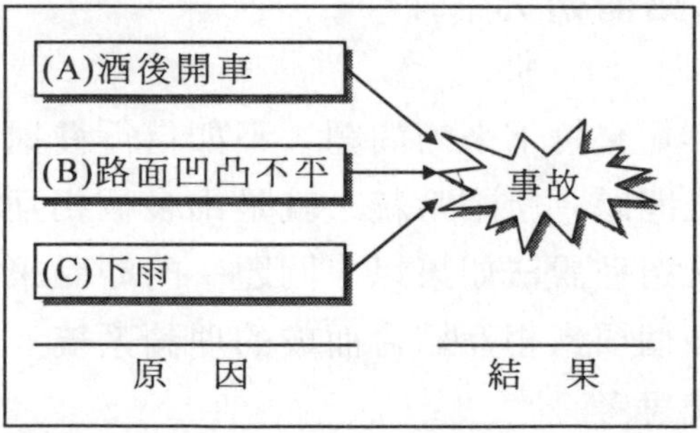

(A)酒後開車
(B)路面凹凸不平
(C)下雨
事故
原　因
結　果

其次爲比較進步的結構化例子。被認定的可能原因要素仍爲(A)、(B)、(C)，但並不與結果的事故直接發生關聯。這種結構的特徵在於過程中安裝了思考的篩檢程式。將事故的發生認爲是(A)、(B)、(C)三個要素相互結合的結果。要素的結合雖爲一種假設，但卻可用來推論要素間的相互關係，見圖 3-2。

圖 3-2　稍微進步的結構化例子

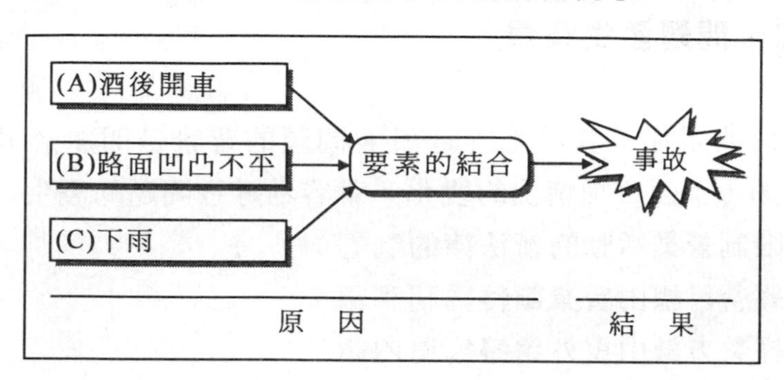

最後是最進步的結構化例子。三個要素中，「酒後開車」是事故可歸咎於當事人的原因，其他兩個要素則當做沒有直接相關的事情。僅因爲「路面凹凸不平」及「下雨」等狀況發生事故是經常有的事。這種客觀情況稱爲限制條件。

此結構化階段在(B)和(C)的案件下，因(A)的行爲而發生事故一事非常明確。因此，也能推論(B)、(C)條件和(A)行爲的「交互」關係，見圖 3-3。所以要對問題的結構加以圖示化，在於避免因主觀而發生錯誤的判斷。

圖 3-3　最進步的結構化例子

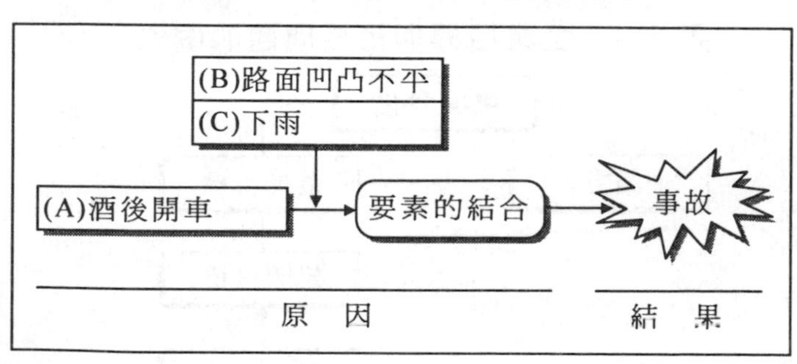

二、問題發生背景

任何問題都有其發生的背景，問題的背景是問題形成的前提。例如，下面三種情況的變化，就容易導致問題的發生。

・限制營業活動的新法律的制訂；
・經營目標由營業額轉爲利潤額；
・經營方針由重外銷轉爲重內銷。

第一項屬於企業外在環境變化。由於這種環境變化，使企業的活動受到限制。第二項屬於企業目標的變更。非最高經營者思考問題時，其上司所指定的企業目標爲思考問題的前提。第三項屬於企業方針的變更。這也是非最高經營者思考問題的情形，爲形成問題的前提。

如果無法掌握問題發生的背景和前提，儘管能夠妥善處理眼前的問題，也難以期望獲得長期有效的對策。這也正如後面的「限制條件」所述，環境變化或企業方針也有可能成爲影響問題發生過程的限制條件。此外，企業目標可細分爲部門目標，因此，企業目標當然與問題的形成有關。

圖 3-4　企業目標與形成問題的關係

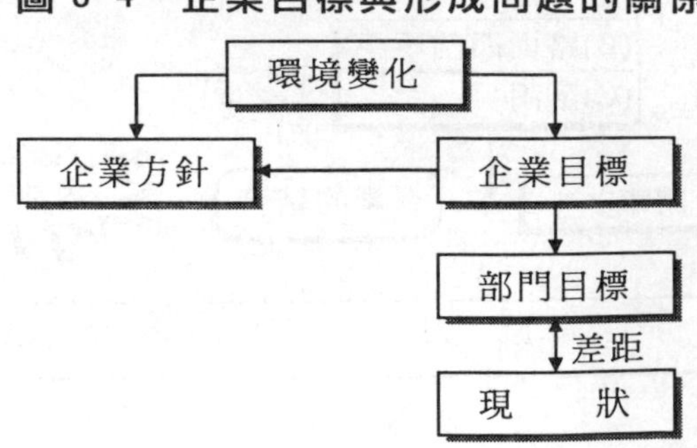

由於「環境變化」,「企業目標」與「企業方針」也受到影響，由於一般是決定目標後才思考方針，因此，箭頭方向是由「企業目標」到「企業方針」。

由圖 3-4 可知，企業目標之下有部門目標，部門目標與現狀的差距就是問題所在。由於環境變化導致目標的變化，使得問題也跟著發生變化。所以可以說：

・因環境變化而導致問題的變化

・因環境變化而導致問題的發生。

請注意，這裏不是講環境，而是講「環境變化」。但所謂「環境變化」，具估而言，究竟指什麼？

・「公司內部組織發生變更。」

・「由本公司調往工廠工作。」

・「部門預算額減少。」

・「原料的取得發生困難。」

・「劃時代的新產品開發成功」

這些事情可否稱爲環境變化？

這要看我們如何界定環境，如將環境視爲「環繞企業的環境」。則以上各例表示企業內部的變化，並不是所謂的環境變化。

三、正確理解方針

「目標與方針的差異是什麼？」

能夠正確回答這個問題的人可以說是少之又少。一般人對目標與方針都難以正確區分。

經常會發生錯誤的例子如：

「本期方針是必須達成銷售 1000 萬元的目標」，這種例子頗令人不解，因爲在這種情況下，目標等於方針。

「方針」一詞英文稱爲 Policy，但 Policy 的中文譯爲政策。由此可知方針與政策同義。不過日常生活上所使用的，都屬極端抽象的口號式方針或像「訓示」等理念上的方針。

・「全公司團結一致，達成目標吧！」

・「幽雅的工作環境，親切的顧客服務。」

・「開拓一個有創造性、有活力的工作環境。」

也許有的企業將把上各例當做「方針」來用，但這些例子都是口號，正確來說並不能算作方針。

「爲確保 1000 萬元利潤，選擇交易對象，並消除不良債權者」、「促使銷售店連鎖化，提高市場佔有率」等具體指出達成目標所需的指示，被稱爲政策方針。

例如，「登上山頂有三條路，要將紅旗插在最高峰上，應走那一條路較好？」在這樣的案例裏，有的隊伍選擇「費時較多，但平坦易行的 A 道」；有的隊伍則選擇「有捷徑但具危險性的 B 道」；另有隊伍願意選擇「九彎十八拐但較易攀登的 C 道」。

因此，雖然「登上山頂，豎立紅旗」的目標相同，達成目標的途徑卻各有不同。「選擇那條路通往山頂」自然就形成了不同的方針。因此，方針就是：「爲達成目標所使用的方法」。所謂方法就是具體的想法、做法，在此如果將方針改以政策來說明，就很容易明白。所謂政策就是達成目標的途徑，當然它必須具體。

四、達成目標的任務

方針是達成目標的想法、做法，也可成爲導引線。能夠沿著方針去思考手段，展開活動的話，就應當可以達成目標。但如無法按計劃順利實施，問題就會發生。如前所述，目標有 Goal 及 Target 之分。所謂 Goal 就是最終目標；所謂 Target，就是當前的目標或個別具體的目標。Target 原意為「箭靶」，所謂「決定 Target」含有集中目的之義。Goal 則像馬拉松賽跑的終點，意指最後到達點。以攀登山峰作比喻，如把山頂當做 Goal，途中有許多駐紮點，如果隊伍朝著某個駐紮點開始攀登，則當前的目標就是某駐紮點，這些駐紮點就是 Target。

如將目標分為上層目標－中層目標－下層目標三個層次，上層目標就是 Goal，下層目標就是 Target，見圖 3-5。此時，箭頭符號是將採取由上而下逐層下降的形式，稱為目標的細化。下面這種說法便是目標細化的表現：

圖 3-5　目標之間的關係

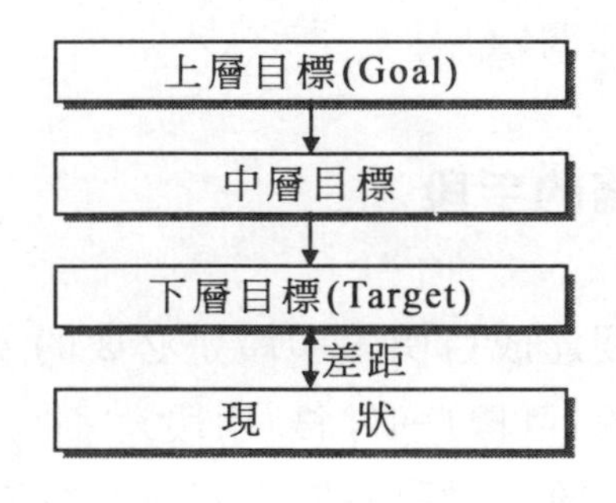

- 「由各小組分擔部門的銷售目標。」
- 「由各分公司分擔全公司的銷售目標。」

在計劃階段，目標是由上往下細分的。但是在目標達成的活動中，則是由下往上累計業績，一直到達最後目標(Goal)為止。不同的人因為立場不同，對 Goal 與 Target 的理解就各異。以科長的立場來考慮的話，會將達成目標視為 Goal，其下的下層目標則可視為 Target。不過，一般情形是將企業目標當做 Goal，以經理立場來說的話，部門目標是 Target；以組長來說的話，組的目標就是 Target 了。且如前所述，「問題」是下層目標的 Target 與現狀之間的差距。因此，所謂問題解決，可以說是通過 Target 的達成，而最終實現 Goal 的達成。

目標的達成有很多方式，如營業部門則通過制定明確的達成數值，而像事務部門、管理部門、服務部門等都沒有制定明確的目標數值。當對 Goal 或 Target 不太清楚時，就須考慮職務上的目標究竟爲何。當職務上的目標是「迅速提供營業所需的信息」時，「迅速提供信息」即爲部門的 Goal；而該信息如果有 A、B、C 三種個別信息時，這些個別信息即爲 Target。

在三個 Target 當中，假定 A 與 B 信息均與現狀無異，其信息情報可順利提供，惟獨 B 信息未能順利傳達時，「B 信息未被迅速提供」便成爲了一種問題。

五、達成任務的手段

任何事情，想要達成目標，手段是必要的。舉例來說：

・買飲料、香煙(目標)→付錢(手段)；

・安全記錄的完成(目標)→安全組織的編組(手段)；

・烹飪(目標)→採購材料(手段)；

・新產品的開發(目標)→新技術的引進(手段)。

第一例中的錢爲手段，第二例中的人、第三例中的物、第四例中的信息也分別是手段。一般將人、物、財、信息這四種要素稱爲「經營資源」。組織、團體、團隊是人力資源的變形。原料、材料、設備、建築物、車輛、商品等都屬於物力資源的範圍。

另外，資本、資金、經費、預算等都是財力資源的具體例子。

信息資源方面有技術信息、市場情報、商品知識等。技術的本質既不是人也不是物，而是信息。譬如，專利權、專門知識(Know how)的內容就是資源。

以前，只有人、財、物三個要素被稱爲經營資源，但現在還得加上信息。信息是經營資源，這個認識在今後將更加重要。如果因某種技術的引進，而不再需要100個人時，該技術和人就被認爲在某種意義上具有互換性。如果人是資源的話，技術也可以被當做資源。

思維解決問題的遊戲

3.聰明的老漁翁

很久很久以前，有個很講究飲食的皇帝，有一次，他召見了所有的大臣和御醫們，大家一致認為皇帝應該多吃黃魚才對。

可對於黃魚的那部份最有營養，大臣們卻有著不同的看法和建議。

第一個大臣認為皇帝應該多吃黃魚的頭；而第二個大臣則堅持說魚身是最有營養的部份：到了第三個大臣，他卻認為魚鰾的滋補益處遠遠勝過魚頭和魚身；可最後一個大臣卻堅持說皇帝應多吃魚尾。

幾個大臣各執已見，最後只好找來一位老漁翁來做個判斷。聰明的老漁翁當然不想得罪幾位大臣，於是當著皇帝的面，他不緊不慢地說了一番話，不但讓皇帝很滿意，也使得四位大臣臉上都露出笑容。你能猜到聰明的老漁翁究竟說了怎樣的一番話嗎？

答案見 305 頁

六、妨礙任務的條件

「條件」這兩個字過去經常被使用到，在這裏就讓我們來談談什麼叫做條件。

•「從早上開始一直下著雨，要帶雨傘出門。」

•「今天早上天陰陰的，要帶傘出門。」

•「今天早上天氣預報說午後會開始下雨，要帶傘出門。」

在這三個例子中，第一例「一直下著雨」是客觀的事實；第二例「天陰陰的」是事實，但後來是不是「下雨」就不知道了；最後一例，也許比第二例的可能性高，但「下雨」與否仍不確定。

第一個例子很明確，「一直下著雨」的事實是「帶傘出門」的條件，後兩個例子則是把預測當做條件。第二例是主觀的預測，最後一例則可以說是客觀的預測。像這樣，人們通常也把與環境變化有關的預測，看做是一個事實的前提。

由這些例子可知，我們在採取某項行動時，就有某些作爲前提的條件存在。如不考慮這些條件，可能就會有「下不下雨都要帶傘出門」或「下不下雨都不帶傘出門」行爲的出現。

舉例而言，如果不考慮氣候變化的因素而盲目生產冷氣機，結果會如何呢？是生產過剩而使庫存產品堆積如山？還是產品銷售一空？

因此，因條件不同而改變所應採取的行動是很普遍的，爲了更確切地執行，很有必要進一步思考條件的類型。

我們在解決問題時，狀況的考慮是很重要的。所謂狀況實際上是指限制條件，說得簡單些，限制條件是指解決問題的人「處在何種狀況」或「擔負何種任務」。限制條件對於問題的發生有何作用？讓我們先列舉幾個相關名詞。

- 問題是目標與現狀的差距。
- 現狀是過去活動的結果(產出)。
- 活動是通過投入而引發、直到產出以前的過程。
- 投入是爲了達成目標的手段。

在問題發生的過程中，限制條件有限制投入(手段)及限制過程(行動)，見圖 3-6。

圖 3-6　限制條件

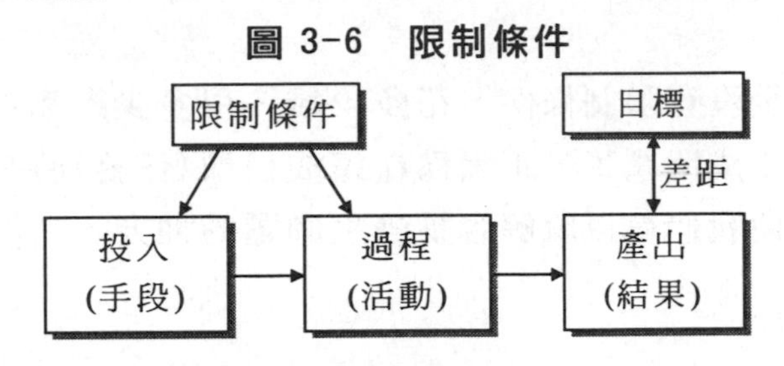

- 「能湊到 10 億元資金。」
- 「招聘不到人。」
- 「原料的進口困難。」
- 「有專利權的限制，無法引進新技術。」

這些例子顯示了限制條件對於投入(手段)的影響。

- 「總公司和工廠不在一起，協調費時。」
- 「依據工作協議，不能加必須加的班。」
- 「因交貨期在即，所以徹夜加班。」
- 「因爲車輛不夠，無法如期展開活動。」

這些例子顯示了限制事件對於過程(活動)的影響。

因此，限制條件對投入和過程都有影響，如以圖 3-7 表示，投入和過程的中間要加上箭頭符號，以表示雙方有關係。

圖 3-7　限制條件對投入和過程的影響

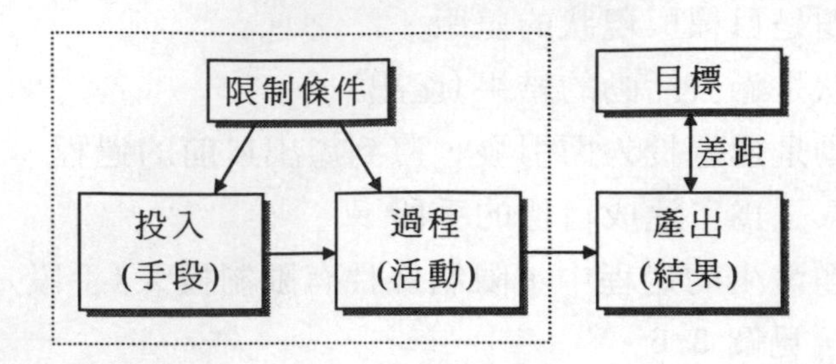

如果完全沒有限制條件，花多少錢、用多少人都可以的話，大概問題就不成問題了。正因爲在達成目標(任務)時有各種限制條件存在，使我們得以瞭解容易發生問題的地方。

心得欄 ________________________

第 4 章

列舉問題點

一、問題的有形、無形障礙

問題有有形的，也有無形的。問題的原因自然也有有形的和無形的。

投入原料，經過製造過程而變成產品的流程。製造過程是經過合理設計的，可以用理論方式進行說明。當有不良品問題發生時，先確認原料是否異常，再逐一檢查製造流程，一定可以找出不適當的地方。這種不適當，也就是故障或障礙。

產品經過銷售，直到取得銷售總金額。其過程並不像製造工廠那樣有固定的地方，而是在公司以外的其他區域進行。甚至還有工廠→批發商→零售店→消費者等過程，顯得很複雜。

銷售金額如果不能增加，先要檢查產品是否有缺點，與其他公司的相同產品比較，是否不如其他產品。其次，進行銷售活動的診斷工作。這種診斷就不像製造工廠經過理論設計過程的診斷那麼簡單了。銷售活動的過程不像製造設備那樣的自動化、機械化。而是涵蓋貿易交涉和銷售努力等人爲判斷、意志等要素，僅由外表是無法充分瞭解的。其中還可能隱藏著與促銷無關的障礙，這種情形可稱之爲無形的障礙。

知道障礙存在，卻不知原因何在，這種真相不明的情形叫做黑匣子——黑匣子是瞭解飛機飛行事故的裝置，因這一器具呈小盒狀，所以稱爲黑匣子。一般飛機均裝有聲音記錄器，當飛機墜落後，利用這一裝置，可重播錄音、分析其內容，由此可瞭解飛機墜落的原因。也就是說，在利用這個裝置播放錄音前，原因是不明的。

黑匣子是 Black box(黑暗的盒子)的譯名，意思是「有東西進到裏面，但看不清楚」，常被用在「事實不明」或「原因不明」的狀況中。首先，可以從投入中找出問題的原因，「原料」是投入，如果原料有異常狀態，即使過程正常也會有不良品的問題發生。同樣地，「產品」是投入，如果這個產品有缺陷，即使過程正常，也會發生銷售金額下降的問題。

如果在投入上找不出原因，下一個要考慮的就是過程中的原因。如前所述，此時如果障礙原因完全不清楚，則稱之爲黑匣子。不過如果進一步討論問題的原因，就會知道有第三個原因存在。舉個例子。「如果戴著手錶游泳，指針就停了」。在這個例子中，「時間顯示」是鐘錶的目標，因爲指標停了，問題也就發生了，見圖4-1。

圖 4-1　手錶的例子

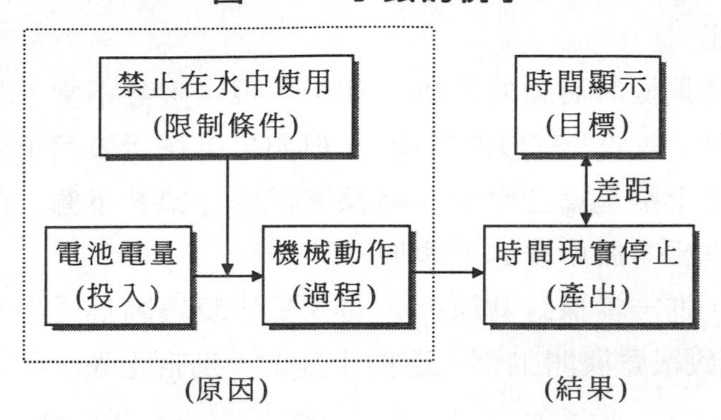

現在假定作爲投入因素的「電池能源」和「機械作用」都屬正常，問題原因的追求就要考慮到水中使用手錶的情形。事實上這個手錶是不防水的，本來就是「禁止在水中使用」的產品。也就是說，這一產品具有「禁止在水中使用」的限制條件。因此，限制條件的存在就成了問題的原因。前面提到限制條件是間接的原因，在這個例子裏可以這樣說：「若在水中使用，而使機械無法運動。」

所以，這一案例的根本解決之道是「不要在水中使用」，或者是「換一隻防水的手錶」。附帶一提的是，這一案例的問題如果發生在投入方面，就是「電池沒電了」；如果是發在過程的原因，就是「零件壞了」等故障的發生。

例如「某建築工地發生事故了」，請你站在建築公司工地主任的立場思考這個問題。

首先，問題是由於事故的發生而導致不能達成安全標準。其原因是什麼？如對過去加以反覆檢查，會想到外包工程的發包對象，也就是將工程發包給怎麼樣的公司？到現在爲止是否沒有問題？技術水準達到什麼程度？派遣什麼樣的人等。如果工程具有績效，到現在又沒有什麼問題發生過，則「工程發包」的投入就不成原因了。

其次就是檢討活動的過程。如果「現場處置不當」是肉眼看得見的行動，屬於「有形的障礙」。但如果工作者表面上看來協同一致，實際上卻是烏合之眾，隱藏著「團隊精神不夠」的事實。這種問題就相當於所提到的黑匣子了。

再次，進一步探討其原因，可知工作現場因為「建築物週圍狹窄」，導致很難展開工作，這與上述的「烏合之眾」同屬限制條件。

根據以上的分析，事故的原因是：

‧「現場處置不當」——行動的事實；

‧「團隊精神不夠」——黑匣子的推論；

‧「烏合之眾的作業員」——限制條件；

‧「建築物週圍狹窄」——限制條件。

前兩個是直接原因，後兩個則是間接原因。不過分析原因時，如在發生事故前有「發生地震」的事實，應如何解釋？如果因為地震的發生使構架倒塌，這就不能把責任歸到作業員身上。這個障礙是來自外界突然發生的「無法預期之事」，稱為「外在干擾」。

「外在干擾」是由外界所引起的不可抗拒的障礙。因為是不可抗拒的力量，當事人無計可施。同樣是障礙，過程內部所產生的障礙可以說是有關人員做得不妥當、不好，說得明白些，也就是失誤。

這種不妥當、不好是可以改善的。但外在干擾卻讓人無從插手，而它仍是問題發生的原因之一。因而，「發生地震」也應被納入原因之一。

外在干擾很少發生，倘若一開始就知道顯然會發生的情況就不是外在干擾，而是限制條件。限制條件是投入時存在的客觀事實；原本不存在而在活動開始後才發生的才是外在干擾。下面舉幾個外在干擾的例子：

- 「因爲下大雨而無法營業。」
- 「因爲下大雪，輸電線被切斷了。」
- 「因異常出水，延遲了工期。」
- 「因夏天不熱，冷氣機大量滯銷。」

這些都是自然現象所引起的外在干擾；像下面的社會現象也構成了外在干擾：

- 「因爲司機罷工，無法去上班。」
- 「因爲地方居民的反對，使得工廠建設受到阻礙。」
- 「因爲大眾傳播的批評，銷售量減少。」
- 「因爲突然停電，生產線亂了陣腳。」

外在干擾是最初沒有預料到的事情突然發生，但也並非是事前完全無法預知的。像「今年內會下大雨」，這種說法並沒有錯，因爲一年裏總要下幾次大雨的。但這並不是預知外在的干擾，因爲「即使知道要下大雨，卻不知道那一天」。

預測將來要發生的事和預知將來的事，嚴格來說是不同的。以客觀數據爲基礎所做的統計式推測是預測；主觀判斷時則用預想、預知、預見等辭彙表示。

- 「不久的將來將發生大恐慌」是一種預想。
- 「將來人口增長將趨於穩定」則屬於預測。
- 「今後我國的平均死亡年齡將提高」，就無法區別爲預測或預想了。

預測的重要性體現在擬訂計劃時，例如，針對幣值升值問題，各出口商就要設定一個幅度來擬訂生產計劃，當匯率停留在其範圍之內時，此範圍即可視爲限制條件。不過如果超過當初可預知的範圍時，還是把它當做一種外在干擾比較好。

二、措施不當問題點

如前所述，達成任務的手段就是投入。以香煙自動販賣機爲例，其投入就是從投幣孔投入的硬幣，硬幣是拿到香煙的手段。現在讓我們來想想由香煙自動販賣機所引發的問題。由於目標是「拿到香煙」，當投入硬幣而香煙卻沒有出來時，目標與現狀之間便出現了差距。針對這一差距，首先應該考慮的原因是是否「投錯了硬幣」？如果本該投 40 元硬幣，但只投了 35 元硬幣，香煙當然是不會掉出來的。

這時候的問題解決是：確認是錯誤後，退出硬幣，再正確地投入相應硬幣即可。這裏的問題在結構上是比較單純的，自動販賣機的機械構造是過程，投入硬幣，經過機械運作(活動)，香煙也就掉出來了。

這部機器是借著 40 元硬幣的投入而操作，所以投入 35 元硬幣是不會正常運作的，也就是初步的原因可以認爲是投入的錯誤，而投入的錯誤也有下列兩種情況：

・投入不足；

・投入不當。

投入不足是金額沒有達到規定的標準，如果香煙的單價爲 40 元，只投 30 元是不夠的，投入 10 元更是不夠。

投入不當是指未能按投入的規定來投擲。在 40 元硬幣專用的機器投進 35 元硬幣，其形狀、質料等均不相同。

自動販賣機的感應器會先檢查投入是否得當，然後才決定機械是否運作。所以，要想達成目標，進行適當的投入最爲首要。

以「某公司推出新產品 A，但銷路不好」爲例，這個案例是物力投入不當的變形。銷路不好的原因如果是甲產品的魅力不夠，這仍是投入的不當所造成的。此時：

- 不符合市場需要；
- 比其他公司產品遜色；
- 價格競爭力低。

上面這些與投入有關的缺點，都屬於「措施不當」的問題。

「某公司自國外引進了新技術 B，但卻仍然競爭不過其他公司」。在這個案例裏，「引進技術」卻造成了不當的結果，這仍然是信息投入不當的變形，也屬「措施不當」的問題點。

「某公司投資外國股票，因美金急速貶值而蒙受損失」。在這個案例裏，如果選擇其他投資對象即可預防損失的話，則「投資外國股票」的投入就屬不當。這也是「措施不當」的問題點，是金錢投入的變形。

因達成目標的手段投入不當，所引起的問題不少，解決問題時可以將錯誤的投入轉換成其他適當的投入。針對以上的案例，可以採取「根據現場的提案成立安全組織」、「快速推出甲產品的改良品」、「引進比技術 B 更強有力的技術」、「謀求投資對象的分散」等措施。

投入一般可以認爲是當事人依據企業方針及自己意願所選擇的行爲，也就是將自己的方針具體化，並作爲一種投入。

三、方法不當問題點

「投入不足」的問題解決，如能用「增加人員、調度財務」

等措施來彌補其不足，固然很好；但如果不能，就必須從「過程」方面來研究對策。

「過去由 5 個人擔任的工作，當其中一人辭退時，不再增加人手，改由剩下的 3 人分擔工作。」這種情形是運用活動方法，即改變過程的問題解決，臺灣的王永慶先生最擅長這個手法，工作由 5 人改爲 3 人做，每人薪水增加 30%，雙方皆大歡喜。

所謂過程上的問題點相當於「處置方法拙劣」的問題點。在相同條件下所成立的兩個營業所，經過數年後如果出現了比較大的差距，其癥結就在於過程上的不同。

這個案例的「過程」就是營業所在經營上的做法。由於所長的管理方式及營業員的工作方法的不同，而使得結果出現了差距。「在甲營業所方面，由於營業員信賴所長，團結一致，配合熟練，才能提高營業績效」;「乙營業所由於營業員與所長失和，彼此間充滿著不信任與不滿，所以不能全身心投入工作，績效自然就無法提高。」

這些案例所顯示的產出(成果)差異，並非來自投入的不同，而是由過程的不同引起。特別在後面的案例裏，「彼此間充滿著不信任與不滿，所以不能全身心投入工作」。這是行動的事實(眼睛看得見的障礙)。如果進一步思考「爲什麼充滿不信任與不滿？」則是黑匣子方面的推論問題。在黑匣子裏面，隱藏著「眼睛看不見的障礙」。因此，拙劣的「對策」是投入(手段)的不充分或不適當，但是拙劣的「做法」則指過程(活動)的不順利或失誤。

拙劣的「做法」可分爲兩種情形：在行動事實上「有形的障礙」，以及黑匣子的推論上「無形的障礙」。而所謂障礙，是指不順暢或失策。

障礙有時候是來自外力，是人力所無法抗拒的。但是過程中的障礙則是「本身做法不當」所造成的，這是一種可以改善的障礙，所以稱爲不順暢或失策。

這種不順暢或失策針對投入錯誤，會產生活動上的錯誤，這裏面又隱含著兩種情形：一種是熱衷於營業活動的展開，但卻拙於商品的說明工作，以致銷售未能成功；另一種是怠於全面的品質檢查，致使不良品混入，引起顧客的抱怨。

前一種情況是因爲「做法拙劣」所引起的；後一種情況則是因「該做的事沒有做」所引起的。因此「做法拙劣」也有兩種情形：一種是行爲錯誤，包括因做某事而失敗了，做法不當和做了畫蛇添足的事；另一種是疏忽的錯誤，包括必要的事情沒有做，忽略追蹤和考慮不週。前者如字面意義，是因爲「做法不當」所引起的，所以雖然做了卻發生問題，這種情形也可以稱爲「作爲的錯誤」；後者是認爲應該做的事卻沒有做，也可以說是「不作爲的錯誤」。所謂「行動的事實」，以「冰山」爲例，是指浮在海面上的部份，這部份是「眼睛看得見的事實」。相反地，在海平面下的部份，就是「眼睛看不見的事實」，也就是黑匣子。

當事人採取何種行動？在這行動過程中有無引發問題的事實原因？這個事實是屬於「行爲的錯誤」，還是「疏忽的錯誤」等都必須加以考慮。

所謂「行爲的錯誤」是「行爲的失敗」，是行動所造成的錯誤，只要仔細觀察，就可以瞭解。但「疏忽的錯誤」是「行動的欠缺」，要發現這個欠缺並不簡單。

如何發現「不作爲的失敗」？這一點即使在問題結構化的步驟中也有所困難，這是限制條件的檢查問題，也就是考慮「如果有這種條件的話，應該採取何種行動？」的問題。這樣，必要行動有所欠缺部份即可浮現。

在上面的例子中，「因爲沒有實施全面檢查，所以混入不良品」。此時，如果有「與買方簽訂品質保證契約書」的限制條件的話，「全面檢查」的必要性就會顯現出來。

思考問題時，如果僅以「眼睛看得見的事實」爲思考對象，有時候會判斷錯誤。弄清楚在問題的背後有多少「隱藏的事實」是必要的。所謂「深思熟慮」，是指黑匣子的正確推論。

黑匣子指存在於行動事實內部的「隱藏事實」。冰山的 1/9 浮在海面上，其中的 8/9 則隱藏在海面下。也就是說，整體的 8/9 均被埋沒了，只有 1/9 的事實顯現出來。

能早一步正確瞭解一般人所忽略的「被隱藏事實」的部份，是深思熟慮、頭腦靈活的人物。這種人也就是「頭腦好」的人。

思維解決問題的遊戲

4.農夫智鬥檢查員

一天，一個城裏來的檢查員問農夫:「你用什麼東西餵豬？」

農夫不明白檢查員的用意，說:「用吃剩下的東西和不要的菜幫菜葉呀。」於是檢查員就以虐待動物的名義罰了農夫 1000 元。

不久，又有一個檢查員來問農夫究竟用什麼東西來餵豬。這一次，農夫吸取了教訓，就回答說:「我用糧食或是海鮮來餵豬。」

可這個檢查員卻以浪費糧食的名義又罰了農夫 1000 元。

又過了幾個月，當第三個檢查員又來問農夫相同的問題時，急中生智的農夫想到了一個巧妙的回答方法，當他說出了自己的答案以後，檢查員再也找不到任何理由來對他罰款了。

那麼，農夫究竟是怎樣回答檢查員問題的呢?

答案見 305 頁

四、無法承擔問題點

以「交通事故」案例。事故發生的原因有：

- 酒後開車；
- 路面凹凸不平；
- 下雨。

其中後面兩項是限制條件。但是，即使同樣是限制條件，它們也有其不同之處。「路面凹凸不平」有可能用物理方法來解決，而「下雨」則不可能用物理方法解決。因爲阻止天下雨是不可能的。「路面凹凸不平」可因這條道路的歸屬而有不同的情形。如果是公路，則可以向道路管理機關所在的省、市政府請求補修。如因放任危險路段存在，不能及時修復，而引起交通事故發生時，道路管理部門必須負起賠償責任。但在另一方面，因「下雨」而發生事故的情形，即使向氣象局求救，以目前的技術，仍無法讓天不下雨。而且就算可以停止下雨，大概也不能爲了一個人而停。

從這個例子，可知限制條件有兩種：一種是類似「路面凹凸不平」的情況，雖然自己無法動手解決，但可以「假手他人」來完成；另外一種就像「下雨」的情形，無論本領有多大，也無法隨心所欲。

前者可以稱爲暫時限制，後者則可稱爲絕對限制。而成爲問題點者正是前者的暫時限制。

以「A 地區商店地理條件欠佳，所以銷售情形不好」爲例，「商店地理條件」關係問題的所在。這個地理條件並非絕對無法改變的事情，只不過是目前的暫時限制而已，見圖 4-2。

圖 4-2　A 地區商店的例子

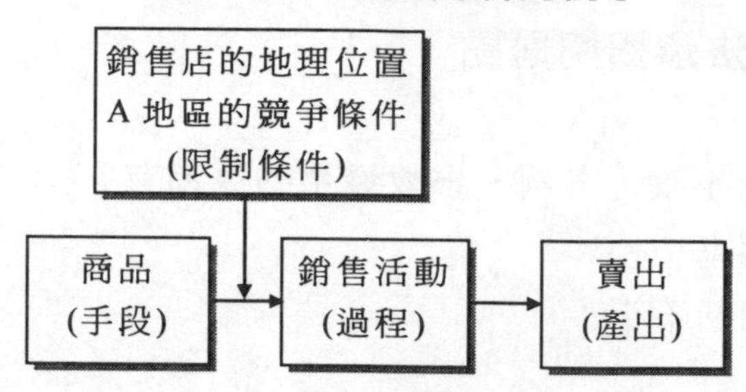

雖說只是暫時限制，但因仍是限制條件，所以改變起來並不容易。通常必須獲得總公司或總部的認可，另行編列預算。

將商店場所轉移至別處的做法，不是普通的銷售活動，而是爲推展更好的銷售活動所做的條件變更。對於分店負責人或營業經理來說，這是個「自己無法承擔」的問題點。

就這個例子而言，所謂「K 地區的競爭條件」，是否爲問題點？所謂「K 地區具強大競爭力的其他公司正在成立銷售商店」的必要條件，對於總公司及部門來說，不會有任何的變更，因爲在自由競爭的社會裏，只要其他公司不犯法，對於其政策是不能加以干涉的。因此，這個條件並不是問題點。

所謂問題點是指問題原因中，屬於「可以採取對策」的部份。

「採購什麼樣的商品」──投入；

「進行什麼樣的銷售活動」──過程。

很明顯，這是可以「採行對策」的原因。但其限制條件在結構上卻有「採取對策」及「不採取對策」兩種原因。

雖然有各種限制，有乍看之下在結構上難有作爲的問題，不過只要將這些限制條件加以核對，還是有發現「對策」的可能。決定從那種限制條件著手，是解決問題的重點所在。

五、能與不能的範圍

所謂問題解決，並不是所有的問題都可加以解決。當然有「能」與「不能」的範圍。

如前所述，問題解決必須調查問題發生的原因，從中區分問題是否存在，其次針對問題構思對策，這是解決問題的主要程序。在這個程序中，可進一步將問題細分為三種：

- 「對策不當」的問題點；
- 「做法不當」的問題點；
- 「自己無法承擔」的問題點。

從與問題結構的關聯性來看，第一項是投入(手段)方面的問題點，第二項是過程(活動)方面的問題點，第三項是限制條件方面的問題點。

投入(手段)方面的問題點是問題解決當事人能力範圍以內的問題點。請各位再度回憶一下「香煙自動販賣機」的例子。在應該投入 40 元才能購買到香煙時，只投入 30 元當然無法獲得香煙，這是「對策不當」的問題點。只要當事人再投入 10 元，就可以解決這個問題點。

對於自動販賣機或鐘錶機械系統來說，如果投入不足，必然發生問題。投入不足無法在活動過程中獲得彌補。但是，對於人與人所組成的有機系統來說，即使投入不足，也可以在活動過程中加以彌補。譬如，過去是由 100 人一起工作的事情，有些時候減為 80 人，甚至 50 人，同樣可以完成。

請回憶一下「車禍」的案例，「路面凹凸不平」及「下雨」的限制條件雖被認為是造成事故的原因，但在這二者中，那一個才是問題點？

就「下雨」而言，是不會形成問題點的。而爲防止問題的再度發生，無論如何，「路面凹凸不平」則是個障礙。這時，雖然自己無法親自解決問題，但可以請求道路管理單位加以解決，也就是說，「路面凹凸不平」是權限外的問題點。

心得欄

第5章

思考解決對策

一、對策並非創意

在問題解決的研討會中，經常會實施創意會議、腦力激盪等方法。例如，針對如下的主題，各人自由發表意見。

- 「如何增進新產品的銷售？」
- 「如何減少顧客的抱怨？」

所謂問題，是由原因衍生出來的；所謂問題解決，是在明確掌握原因與結果的因果關係、明確問題點後，才開始思考問題的解決對策。無論如何卓越的意見，多麼新奇的想法，如果不能確認其與問題的因果關係，就不能說是解決對策。因爲實施那個創意，並不能保證問題可以獲得解決。

在「新產品賣不出去」的案例中，必定存在賣不出去的原因。同樣地，在「發生抱怨」的案例中，有追求其原因的必要。省略原因分析，對問題突然提出對策，是思考上的大躍進。

在「你認爲今後可以銷售何種產品？」「顧客希望獲得什麼樣

的服務？」之類的創意會議中，腦力激盪法及其他創造性思考法或許有所幫助。

最常見的是，整合類似意見，然後冠上標題的做法。這種做法持續運行的結果，所謂「根據事實來說話」一事，將會逐漸遠離，最後只剩下更為抽象的標題而已。

在問題解決上，抽象性的對策是不切實際的。所謂對策，必須類似「怎麼做會有怎麼樣結果」的實際操作才可以。

·「溝通良好。」

·「組織活絡化。」

·「改善人際關係。」

這些主題都與實際有相當距離。如果不能具體明示「怎麼做可使溝通良好」的話，是產生不了解決作用的。因此，必須明確地表示：「為什麼會缺少溝通？」

如果老是「這樣做也好，那樣做也好」，則這種什麼都好的情況將是永無止境的。所謂問題解決，並不是列舉出各種可能性的做法。

將不得不做的事情找出來，才是解決問題的途徑。

二、臨時對策

對策有臨時對策及根本對策兩種。根本對策是針對引發問題的原因——問題點所採取的措施。相對地，臨時對策是針對現狀不完備時所採取的臨時措施。

下列情況有必要採取臨時對策：

·突發性的短暫處置；

·緊急情況的應對；

・爲確認事實的事件瞭解。

以屋頂漏水的情況來說，在修理屋頂以前，暫時先用臉盆或木桶接水的應急處置，就是臨時對策。

當受傷及生病的患者痛苦不堪時：

・「先給他止痛藥，減輕疼痛。」

・「先叫救護車送去醫院。」

・「立刻通知家屬。」

・「在正式修理前，先暫時做妥善的處理。」

・「爲避免發生事故或故障，採取緊急措施。」

・「聽取是什麼樣的異常現象、何時發現這種異常現象的報告說明。」

最爲常見的是，由於不良品混入、工作程序錯誤而引起顧客抱怨的情形。

・「到顧客或用戶家裏致歉。」

・「確實地找出引起錯誤的原因，作成說明或報告。」

・「調查在其他地方是不是也有可能發生同樣的抱怨？」

以上各處置，每一項都是採取根本對策前的暫時性措施。

因此，所謂臨時對策，就是針對發生的結果所做的事後處理，是防止事態繼續惡化的暫時性措施，而不是防止問題再度發生的根本對策。

這些臨時對策雖然也是問題解決的一部份，但其不過是問題發生後的事後處理，事後處理無論進行得如何完善，都不能真正解決問題，因爲它不是防止問題再度發生的對策。

電動自行車風行一時，但由於其容易加速，使得交通事故頻頻發生，一度成爲國內的熱門話題。針對這個問題，該行業曾考慮採取以下的對策：

・「指導駕駛人謹慎的開車方式，以防止事故的發生。」

・「對過去因操作失誤而受傷的人，給予部份補償。」

・「在報紙等媒體進行宣傳活動，以防止企業形象惡化。」

然而，這些措施終究不過是問題的事後處理、臨時對策罷了。只能暫時應付目前的問題，並不能成爲確保用戶信賴的根本解決之道。因此，這個例子的根本對策應是「收回全部電動自行車，並配上安全裝置」。雖然這項措施要花費很多金錢，但如果與喪失公司信用的更大成本相比較，反而是最便宜、最完善的解決辦法。

一般而言，如果是對同樣的事故抱怨反覆發生，就可以這樣想：在工作的進行方法、裝置的操作方式上具有容易發生錯誤的缺陷存在。也就是在工作及裝置的系統上，有了結構性的缺陷。如無法發現這缺陷的話，同樣的問題肯定會再度發生。臨時對策不過是採取根本對策前的暫時性措施而已。

工作場所的每一天，都可說是問題解決的連續。在公司中，因錯誤所引起的問題是層出不窮的。

但是，如果仔細思考這些問題解決，仍存在著應急的臨時措施。只顧向顧客或受害者致歉，接下來的步驟卻不知道處理方式，並不能防止問題的永不發生。對於重要問題，不能僅採取臨時對策。確實查明對策，才是當務之急。

如果把「滅火」看成是臨時對策的話，則查明起火的原因，及「找出起火地點」的做法，就是下面所述的根本對策。

三、戰術層對策

對策有臨時對策和根本對策兩種，臨時對策是問題的事後處理，不過是應急的處置罷了；防止問題再度發生的根本對策，則是要仔細調查問題發生的原因，並進而消除這個原因。追溯檢討問題的原因，掌握問題的要點，然後來採取因應措施的行動，即爲根本對策。詳細來說，根本對策也可分爲兩種情況：直接由自己處理的情況，或者自己無法直接參與、而委託適當人員處理的情況。

現在就以「酒後開車，引起交通事故」爲例，來做問題結構的圖解分析，見圖 5-1。

圖 5-1　交通事故的問題結構圖

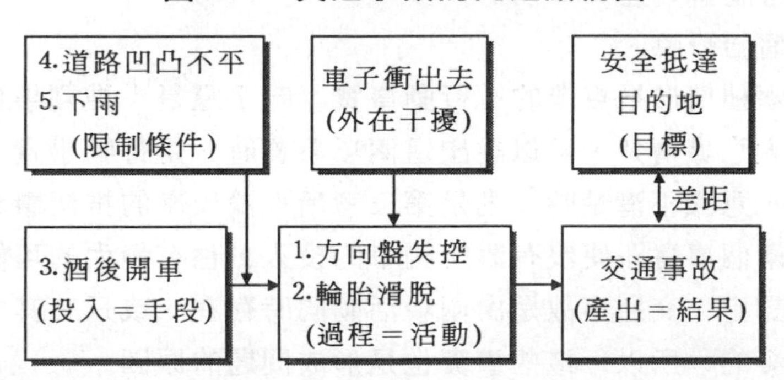

假定其目標爲「安全抵達目的地」，但結果卻發生了交通事故，這就使得原來的目標無法達成。這時候，目標與現狀之間就產生了差距。

現在，讓我們來思考爲什麼會發生事故。第一個原因，先檢討「投入」有無缺失的地方。如前所述，投入不足、不適當，均會引起問題的發生。

在這個例子中，投入指「酒後開車」。而酒後開車是爲了達成「安全抵達目的地」的目標，這種說法看起來有點奇怪，不過，這其中自有道理，因爲在此例中，投入一開始就呈現不適當的情形，成爲其中的一個問題點。

其次，就檢討有關「過程」方面的問題。過程是指投入與產出之間的活動。「交通事故」的產出乃是投入與過程所生的結果。酒後開車是引起交通事故的原因，但如果說酒後開車就一定會引起交通事故的話，就不對了。

酒後開車或許是這件車禍的導火線，但如能巧妙克服途中的過程，或許能夠防止事故的發生。在此案例的過程中，可以具體地看到那些現象？

・方向盤失控；

・輪胎滑脫。

這兩種情形是實際的「行動事實」呢？還是「推測事實」？如果本人意識清楚，可以說出這兩項事實時，是行動事實；如本人受傷，意識不清楚時，則是第三者所推論出來的推測事實。

這兩個事實即使沒有酒後開車的投入，也有發生的可能。而且可以認定，交通事故是由兩項活動同時存在，或只有其中的一項所引發的。所以，這些事實也是形成問題的原因。

形成事故發生的原因，而能採取對策的問題點有以下三項：

・酒後開車——投入的問題點；

・方向盤失控——過程的問題點；

・輪胎滑脫——過程的問題點。

這三個問題點都可以被認爲是「交通事故」產生的直接原因。

這些問題點都是問題解決當事人可以直接解決的問題點。以「酒後開車」來說，其解決對策是：「今後開車時絕不喝酒」。酒後開車在交通事故發生前，已是違反法律的行爲，其本身也是問題點。

其次，「方向盤失控」的可能解決對策是：

・「確實注意前方」；

•「不超速」；

•「提升駕駛技術」。

此外，「輪胎滑脫」的可能解決對策有：

•「不緊急剎車」；

•「不超車」；

•「交換使用別種輪胎」。

這些對策都是當事人可以直接決定的事情。所謂可以直接決定的事情，是指這些問題點是「權限內的問題點」，可以在自己權限範圍內做出對應的解決對策，即作爲戰術層次的根本對策。

但如果調查事故發生當時的狀況，發現下列情形又當如何呢？

•路面極其凹凸不平；

•正好下著雨。

這些情形是限制條件。限制條件是問題發生的間接原因。因「方向盤失控」可能是爲閃避「路面凹凸不平」所引起的，「輪胎滑脫」也可能是「下雨」所造成的。如果沒有這些條件，交通事故可能不會發生。

進一步調查當時的狀況，如果已瞭解交通事故發生前的一剎那，有車子突然從叉路小巷中衝出來。這種突發事件也有可能造成上述的「因緊急剎車，導致輪胎滑脫」、「方向盤失控」等情況。突發事件是當事人再怎麼用心，也無法預防的事情，屬於外在干擾。外在干擾並不是從投入活動開始、就已經存在的限制條件，而且也不是在自己的活動過程中，所產生的失敗及缺失，而是在過程的外因突然產生的不可抗拒的障礙。

如果說限制條件是間接原因，則外在干擾就可以視爲直接原因。「車子突然衝出來」可視爲交通事故的直接原因。

但是，這個例子中的限制條件及外在干擾能否成爲問題點？「路面凹凸不平」是當事人無法直接處理的事情。不過，可以向道路管理權責所在的市政府或縣政府報告，以路面危險爲由，請求修復。

這是「權限外的問題點」，而非權限內的問題點。但即使是權限範圍外的事情，仍然可以依據情形找出解決對策，這種解決問題的辦法稱爲戰略層次的根本對策。

可是，另外一個限制條件「下雨」，即使向氣象局報告，也沒有辦法解決。同時，外在干擾的突發事件也是無從採取對策的情形。所以，這兩種事情是原因卻不是問題點。

根本對策有兩種，一種是戰術層次的根本對策，另一種是戰略層次的根本對策。如果從與問題點的關係來說：

權限內的問題點→戰術層次的根本對策。

權限外的問題點→戰略層次的根本對策。

·路面凹凸不平——限制條件的問題點；

·下雨——限制條件；

·車子衝出——外在原因。

權限內原因一般被視爲問題點的情形很多。權限外原因雖也是原因的一部份，但成爲問題點的情形很少。

本來限制條件是指限制某項手段(投入)的選擇、活動(過程)的展開、阻礙其達成目標的條件。簡單地說，限制條件是無法改變的，如國家的法律、公司的規章等就是限制條件的典型例子。雖然國家法律與公司規章具有同樣性質，但企業不能改變國家的法律，但公司規章，只要經營者認爲有必要，即可進行變更。法律制定一段時間後，進行變更並非絕無可能。現實的問題解決，在考慮對策當時如果不能擬出可行方案，就失去意義了。

外在干擾的情形也是一樣，在選擇手段(投入)時，外在干擾是不存在的。在活動(過程)進行途中，突然發生的始料不及的事情，才是外在干擾。

限制條件是在投入時就存在的客觀事實，意味著問題解決者所面臨的狀態。相反，外在干擾意味著投入後所發生的突發事件。外在干擾雖是源於外部的不可抗拒的事態，但這並不意味著在任何情況下，都絕無採取對策的可能。舉例而言，政府計劃進行港灣、機場、新幹線的整建工程，作爲擴大國內需求的對策。如果政府後來突然中止計劃，則以這些政府計劃爲目標、進行設備投資的企業，所承受的打擊是不言而喻的。

在這個例子裏，「政府中止計劃」是外在干擾，因爲國家政策的改變，個別企業是毫無辦法的。然而，是否根本沒有應對的方法？有一個方法應可以考慮：「由企業者組團，鼓動政府再進行計劃」。然而這個辦法必須花費時間及金錢，所以有必要對現實情況作審慎檢討後再做出決定。

總之，要從限制條件及外在干擾中發現問題點，並不是件容易的事情。剛開始時，所有問題看起來都是可能解決的，可是經過逐項深入檢討後，不難發現一些處理的可行途徑。

因此，在既有限制下的對策就是戰術；而運用限制條件的對策就可稱爲戰略。運用戰略的技巧，可以大大改變企業活動的前途。從限制條件中選擇問題點時，有必要採取下面步驟：

・在限制條件中，找尋可行對策。

・從可行對策中，選擇必要對策。

首先，限制條件的問題點用「可能成爲問題點」比「問題點」表達更爲恰當：如果沒有施行對策的必要，將它當成問題點來思考對策是沒有必要的。譬如，對於「改善體制」、「變更規章」等限制條件的根本對策，如果從戰術層次的根本對策——投入的變更及過程的調整等處著手，就能夠解決問題的話，便沒有必要了。

戰術層次不能解決問題時，才改爲戰略層次的根本對策。一般來說，戰略比戰術成本高得多。好比 10 萬元可以解決的問題，沒有必要動用到 100 萬元一樣。

針對「汽車交通事故」例子，對經常出現的疑問做個回答。存在的疑問是下列兩個方面是否是針對限制條件的對策？

・「下雨時不開車。」

・「不在凹凸路面上駕駛。」

以上二者並不是「下雨」、「路面凹凸不平」的對策。如果是針對限制條件的根本對策，就應「讓雨停止」、「清除路面的凹凸」。下雨時不坐車子，那買車幹什麼呢？在沒有其他道路可以通過的情況下，即使路面凹凸不平，還是非走不可。

問題解決的最後步驟是設定實施解決對策的優先順序。問題發生必須做緊急處置時，可暫時以臨時對策來處理。如是發生大型問題，必須根據其緊急程度來處理，但大體上還是必須採取一些臨時對策。特別是發生事故、抱怨等異常事態時，更要採取這種做法。相反地，如不是這種脫軌型的問題，而是像任務無法達成之類的例子，就不一定要採取臨時對策了。

緊急程度並非探索型、設定型等問題的主要關鍵，所以通常不需要採取臨時對策。在工作現場所發生的問題，大部份屬於發生型問題。因而在原則上有必要採取臨時對策。

其次，針對權限內及權限外兩種問題點的根本對策——戰術層次的對策及戰略層次的對策，進行優先順序的討論。在多數問題點的場合，對策並不只限於一個。並不是說一個問題點就只對應一個對策，一個對策可以有效解決多個問題點的情況是常見的；同樣，一個問題點要用好幾個對策才能解決的情況也不少。總之，針對幾個最後決定的對策，設定「從何處著手」的優先順序是很有必要的。

戰術是解決權限內問題點的行動。因此，只要問題解決者想做，就可以採取行動。相反，戰略是解決權限外問題點的行動，要實施對策，必須進行協調其他部門和說服上級主管的工作。

設定優先順序時，戰術層次重視當前效應，戰略層次重視長期影響。針對多數解決對策設定優先順序，稱爲決策。

心得欄 --

第6章

解決問題程序

一、把握問題

將問題解決程序整理如下，業務方面屬於「加工不良」,「傳票記載錯誤」等這一類的問題；管理方面屬於「A 同事經常工作忙碌，而 B 同事卻經常按時下班」等這一類的問題。可見在本階段所把握的問題尚停留在現象層次，還未達到真正的問題核心，仍處於模糊不清的把握階段。

但是，只要具有健全的常識或敏感度，絕不會漠視問題的存在，逐漸便會達到認真著手解決問題的階段。

圖 6-1　問題解決標準過程

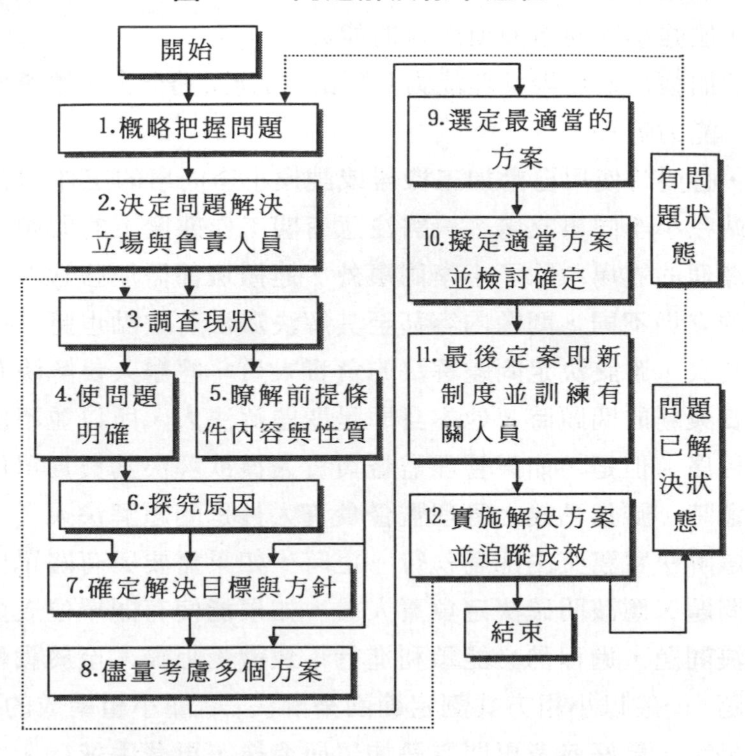

二、決定立場與責任人

首先，決定問題解決的立場，因處理問題人員所持的立場不同，問題以及解決方法也會產生差異。例如，針對作業員小李在加工零件時所發生的錯誤，會出現兩個立場來解決此問題。

1.小李同事的立場

・重新學習查看加工設計圖的方法。

・重新學習機器操作方法。

・糾正並提升造成加工錯誤的前兩項以外的技術能力。

2.製造經理的立場

・加強小李同事前項所述的能力。

・加強領班現場管理能力(例如,加強業務分配、領導部屬的能力等)。

・必要時使用自動加工機器或調換小李同事的工作內容等。

站在小李同事立場,只需注意有關工作態度上的問題;站在製造經理的立場,除了小李同事外,連領班都需加強管理,可見問題的立場不同,問題內容甚至其解決辦法著重點也將不同。

其次,應該決定問題解決的負責人員。經辦人員解決有關自己負責業務的問題時,他本身即是問題解決人,所以並不需要本階段程序。但是,如果管理監督負責人員欲解決其負責單位發生的問題時,雖然名義上管理監督負責人員是問題解決人,一般都將問題解決實務交由部屬執行。這時,如果需要與有關單位合作解決問題,應該明確決定負責人員。如果能使有關單位人員也參與解決問題,過程勢必能順利進行不致遭受阻礙。至於戰略方面的問題,一般以小組方式劃定範圍來解決。有關小組編成的方式、注意事項,最好參考專門書籍加以研究後,再著手進行。

三、調查現狀

在調查現狀前必須先搜集有關問題的信息,而搜集有關信息要以前項問題的認識爲基礎。搜集信息時應注意事項:

1.不可隨便濫行搜集,事前應檢討搜集信息的內容。

2.信息搜集,不應由負責問題解決的人員單獨進行。

3.儘量從現場搜集最原始信息,聽取現場負責人員的報告。

4.分頭進行搜集時,事先應互相調整彼此對信息標準的要求。

完成搜集信息工作後，可開始現場調查，現場調查應注意：

1.應具有明顯的問題意識。

2.應摒棄先入爲主的觀念、偏見，以坦誠的態度面對，勿從結果來推斷、思考。

3.向對方說明調查目的，使對方理解，而並非挑毛病。

4.分頭調查時，事先應互相確認注意點，事後再交換信息，確認是否依計劃行事。

5.需要調查其他工作單位時，由上司先照會調查對象的上司，較能圓滿順利進行。

思維解決問題的遊戲

5.阿凡提妙計退強盜

有一次，聰明的阿凡提騎著小毛驢，手裏拿著禮物去看一位住家在很遠的朋友。當他走到一個偏僻的地方時，突然被兩個身帶弓箭的強盜攔住了。原來是他們看見阿凡提騎著毛驢，而且驢背上的皮包裏又裝得滿滿的，所以就打算搶劫阿凡提的驢子和禮物。

本來阿凡提對於這兩個強盜也沒有什麼辦法，可當他們為了分贓而爭吵起來的時候，阿凡提突然想到了一個主意，於是就笑眯眯地對那兩個強盜說:「乾脆我來想個辦法，為你們分配驢子和禮物吧!」愚蠢的強盜竟然答應聽從阿凡提提出的建議，希望他能給出一個公正的分配方法。可結果呢？阿凡提卻利用這個機會巧妙地得以脫身，而那兩個強盜卻什麼也沒得到。

你能猜出阿凡提給出的分配辦法是怎樣的嗎？

答案見 305 頁

四、明確問題

首先應檢討是否依計劃搜集有關信息，無法依計劃搜集信息時，應該儘早另行調查，或搜集代替信息。有時在調查設計階段，也可順便搜集原來沒有列入調查對象而有益問題解決的信息，不可放棄任何信息所代表的含義。

使問題明確化，必須先清楚理想狀態與現狀之間的差異。現狀可通過分析、調查信息來明確；其次是理想狀態的明確，有關業務方面問題的理想狀態明確比較簡單，只需檢討構成理想狀態內容的計劃、指令、標準、規格、法律、章程等是否明確即可。例如，「規定交貨期採取標準交貨期時間的一半」或「性能規定較平常嚴格二倍」等理想狀態內容。實在無法令人理解，或不明確時，必須檢討爲什麼決定以這種異常的狀態作爲實施目標的原因。

至於管理方面的理想狀態，有容易明確的「工作依計劃順利進行」，以及不易明確的「工作現場配合不佳」、「大家士氣高昂」等內容。這些不易明確的內容，應儘量以可定量的指標代替，或者具體寫出具代表性的實例，以便清楚明確。

不過，已明確的問題不一定就是真正的問題，故應檢討什麼是真正的問題。

五、探討問題原因

1. 建立原因體系

業務、管理兩方面一定有原因。通常原因不限於單項，大部份是多項原因之間構成因果體系，見圖 6-2。

圖 6-2　銷售量減少的原因

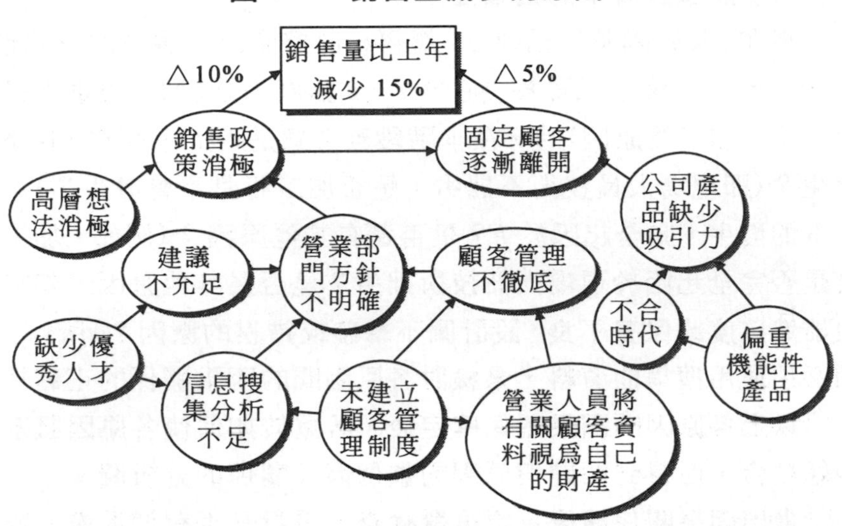

因此，本階段主要提出一連串的「爲什麼」？徹底發現原因。在這種情況之下，並不嚴格追求「是否B的真正原因？縱然A不存在，B也可能發生……」這一類因果關係，而運用腦力激盪法自由思考，儘量追查原因。原則上，一項原因寫一張卡片，以便整理，如此循序來發現原因，最後會達到「無法再繼續思考」的階段，便可結束屬於該系統的原因追查。

平常我們習慣於站在自己的立場思考，所以當發現原因窮盡時，不妨改變立場思考，這時，變換角度再分析資料，從而發現新的原因，充分運用預先搜集的資料，將會有意想不到的新發現。

經過各種不同角度思考後所發現的原因，應整理歸納每項原因之間的因果關係。既然發現原因是按「爲什麼」？的邏輯來推斷，其間必然存在著因果關係。對於這種大致上的架構，一般採取改變立場或懷疑普通常識，組合已發現的原因等方法。

2.檢討原因體系的正確性

現在，某原因體系已成立，應再檢討整個原因體系的正確性。換句話說，如該原因體系成立於 A，B 爲原因(例如，現場人員技術拙劣，加工爲原因)時，在本階段應考慮是否 A 不存在，B 便不發生？(即現場人員技術不拙劣，是否加工不良不會發生？)，是否 B 的發生，完全起因於 A？是否還有其他原因？(例如，加工不良是否完全起因於現場人員技術拙劣？是否爲其他原因，如加工機器準確度或保養不良，設計圖不準確或錯誤的原因？)所以，我們必須運用搜集的資料，來檢討各原因間的因果關係的正確性。

以上各原因間因果關係確定後，著重於如何使各原因體系與問題結合，而得到問題與原因的整個因果關係的分析圖。

畫出因果關係圖後，須重覆檢查，看看是否有遺漏處。雖然此因果關係是絞盡腦汁的產品，但個人才能畢竟有限，難免有疏忽之處，最好今天訂定、到第二天早上再重新看一遍，客觀地檢討自己作業成果，如發現不完全或不適當的部份，應加以補充矯正。

其次，再將經過整理的原因，按造成問題大小的原因安排順序，如果原因造成問題的程度可以數字爲依據，那麼順序自然一目了然。

不過，原因造成，問題分量的定量測定都很難實際計測，這時經驗與直覺成爲最好的輔助，依靠經驗與直覺判斷，似乎是不太科學。但這種順序安排並不需要嚴密的區分，只要將重要的原因群與普通的原因群，或不大重要的原因劃清界限即可。所以經驗與直覺足以處理。

最後，將原因分類爲負責問題解決人員或主管上司的權限可解決者，以及不可解決者二種。即使某項原因造成問題的分量相當大，但如果不能根據所賦予的權限順利解決，它將對該負責問題解決人員或其主管上司形成規定條件，我們只能在自己可能的範圍內盡力解決問題，因爲能力不及之處也不可能產生解決問題的方法。

此外，另外有一種方式，即開始分析原因的對象時便將規定條件除開，而只就自己所能解決的原因進行分析。這種方法非常省力，但卻不週密。把握所有問題與原因的情形，是問題解決的重要關鍵，並且涉及規定條件時，向上司主管反映意見並非不可能之事，順帶也可訓練自己廣泛觀察事物的能力，所以仍建議讀者，從基本程序循序漸進地分析整個原因爲宜。

思維解決問題的遊戲

6.國王的問題

從前，有兄弟二人合種一塊麥田。等到麥子成熟的時候，貪心的哥哥竟把大部份收成據為己有。就在兄弟二人為這件事情爭得面紅耳赤的時候，國王剛好從這裏路過。於是，國王為兄弟二人出了三個問題，並宣佈：如果誰能夠把這三個問題回答得好，那麼他就會把全部的麥子都裁決給誰。他的三個問題是：在這個世界上，什麼最肥？什麼最快？什麼最可親？國王讓他們第二天把答案告訴自己。第二天，再次見到國王時，做哥哥的給出的答案是：最肥的是自家養的豬，最快的是自家跑的馬，而最可親的則是自己的老婆。而做弟弟的給出的答案卻讓國王很滿意，最終國王裁決把所有的麥子都給了他。你知道做弟弟的是怎樣回答這三個問題的嗎？

答案見 306 頁

六、選擇適當方案

假如交貨延遲兩天的原因之一，是因爲現場人員技術不熟練。消除這個原因、應該採取什麼方法、對策，應儘量由各方向考慮多種方法，並一一列在紙上作爲思考時的依據。解決某項技術不熟練的對策：

- 由直屬上司領班給予甲同事某項特別技術的訓練。
- 調動對某項技術熟練的乙同事與甲同事配合，某項技術專由乙同事負責，其餘的技術由甲同事擔任，採行分業體制的作業方式。
- 爲了避免某項技術而變更設計。
- 爲了避免某項技術而考慮自動化。
- 調換工作崗位。

由此可知，清除某原因時一般均有許多方法可行。然而，許多公司卻呈現這種現象，爲了改進經營方式，於是編成計劃小組召集許多高手參加，希望他們指導改進作業，結果竟然無法提出多種的改進方案。因爲思考是通過訓練來的，所以平常不養成思考的習慣，磨煉思考力。突然要求集中思考某事，是非常困難的。因此，請讀者千萬記住「清除某個原因可有多種方法」的觀念，應儘量思考各種改進措施。雖然這種思考方式頗麻煩，但提出多種解決辦法，在解決問題時就能暢行無阻，且順帶訓練了思考能力，這是值得提倡實施的。

我們擬定了許多解決方案，但並非意味著需全部付諸實行，必須選擇實際可行的方案而實施，至於判斷的基準有下列六種：

1.適合經營方針、現場方針

例如，經營方針提出「確保附加價值」，於是廠長基於這個方針提出「盡可能交由內部自製」的方針，此時工廠生產經理面臨解決現場人員加班太多的問題，於是提出運用外包的方案，此提案剛好與廠長的方案相抵觸。當然不會採用，問題也得不到解決。所以擔任管理監督人員必須平常就注意研究經營方針與上司的想法，再提出適宜的現場方針，並使部屬徹底瞭解這些經營方針以及現場方針。

2.適合前提條件

例如，最近工廠經常發生事故，爲了降低事故發生比率，雖然最理想的方式是投資幾千萬來更新機器設備、工廠設備。但如果主管人員並沒有權力可執行如此高額的設備投資購置權，這一項方案即使提出也無法實施，必須徹底檢討主要前提條件的內容與性質，而選定最適當方案。

3.合乎經濟性

是否合算？這種經濟性的重要性，不必說明也可明瞭。例如，第三階段的事例，爲了消除造成交貨延遲二天的原因——現場人員某項技術的不熟練，而有投資幾千萬改變爲自動化的構想，但可能因爲不合算而不被採用。

4.掌握時機

時機可說是主宰企業的成敗關鍵。當然最理想的是掌握時機恰到好處，但這是非常困難的事情。太慢將貽誤戰機，太早又無濟於事。所以當決策人做決定時，掌握最佳時機是首要條件，但什麼時間是最佳時機呢？判斷時機的能力，除了由認真、辛苦工作，由工作經驗中所磨煉出來的綜合判斷力或直覺外，別無他法，因此，平常就應注意培養做決定及實行的勇氣。

5.**策略改變結果**

管理監督人員最好具備自己的工作現場策略。例如，某方案雖不合經濟性，也未達前述判斷基準，但從策略上判斷，仍有被採用的可能性，此時管理監督人員應堅持實施。

業務方面的問題，決定解決辦法時，一般需請示管理監督者的意見，或者提出報告；至於管理方面的問題，當然由管理人員決定採用何種方案。因此，無論業務或管理方面的問題，選擇解決辦法的最後權力，在於管理人員，所以管理人員必須訓練判斷力，以選擇最適當的方案。

6.**整體均衡**

擬定解決辦法時，必須考慮如何清除某種原因，以致容易陷入僅把握局部問題而忽略整個問題的狀態，爲了避免這種錯誤，考慮解決辦法以保持整體均衡爲根本，也是選擇最佳方案的重要因素之一。

事實上選定方案時，並非以上述六項主要判斷爲基準，經過評分後由總分數來決定。而是隨著各管理人員不同而有所偏廢，一般決定於管理人,或影響企業文化環境以及根本經營的負責人。

擬訂上一步選定的最適當方案的細節，最後完成完整的實行計劃。爲使實行計劃內容充實完整，不妨採用熟悉的「5W1H」方法。

接著,重新檢討前項所擬訂的整個方案,是否遺漏某些事項,是否內容不確實或解決辦法是否保持均衡等，進行全面檢查。並且回顧過去完成解決問題後所呈現的狀態，冷靜客觀地檢討該方案是否切實可行。

以上經過苦思擬訂的解決方案，畢竟仍局限於理論階段，在真正實施以前仍須試驗一次，以便修正解決方法內容不妥之處，或確定其成效性。

最後，試驗結果如果依照計劃完整無缺，那麼此計劃無須任何修正，至此，完成解決辦法大功告成，如果試驗結果仍有許多缺失，那就必須再經修正才能定案。

在此附帶說明，在解決方法定案過程中，應向上司報告有關問題解決的作業進展。必要時，向上司請示，並委託與涉及的單位交涉。因爲一個組織的首長，應負該組織活動的最後責任，故問題解決或改進工作等非經常業務的過程或最後結果，上司理應首先明白清楚。

七、實施方案

經過前階段縝密的各種努力完成定案後，應正式呈請上司或提案委員會批准，使這一項最後定案規定成爲正式應遵行的處理方法。例如，最後定案所擬定的新式傳票即爲正式傳票，新加工方法即爲正式標準加工方法等。

如果疏忽了這一步驟，從前所花費的時間與金錢擬定的解決辦法，不能發揮任何效果，也就是很容易又返回原來的處理方式，同樣的問題將再度發生。

實施時必須教育有關人員瞭解。工作有一定的程序前後關係，實施某項解決辦法時也如此，受到影響的有關人員，在新方案實施前，最好先讓他們瞭解解決方法的宗旨、內容、特徵以及對有關人員的影響等，並懇請他們積極配合。很多公司常忽略這一點，結果產生有關人員表示「陌生、不合作、增添麻煩」的不良反應，實施後怨聲載道，於是只好再返回原路，或者根本未實行就無疾而終。如按照前項所示，使有關人員參與問題解決，這個過渡時期便很容易渡過，也不致產生後遺症。

確實執行各項作業，也未必萬事順利，縱然事先已教育有關人員。但當正式實施時，仍難免倉皇失措，所以在一切上軌道前不可稍有鬆懈，應仔細觀察實施解決方法後的效果，如發現問題必須耐心地詳細說明或聽取忠告，應以親切態度來回答問題，絕對避免「上一次已說明，怎麼還不懂」等不親切的態度，因爲這樣可能會引起有關人員的反感，喪失積極參與的意願。

在注意以上各階段事項後，應檢查實施成果。如成果良好，便可以將檢查次數改爲半天一次，一天一次，逐漸減少。

如果未能按計劃進行，即表示已發生新問題，這時應恢復調查現狀的第三階段，按照各階段程序解決新問題。究竟追蹤檢查應該持續到何時？並沒有明確基準，須依賴擔任實務者的熟練程度，解決問題的性質以及重要程度來判斷。

心得欄 ----------------------------

第7章

解決問題技巧

一、核對表法

(一) 各種核對表法

以發現問題爲目的的核對表已有許多種，較具代表性的有：

1. 5W2H 法

根據 5W1H 法(Who，Where，When，What，Why，How)檢查工作現場狀況。How 分解爲 How to(方法)與 How much(費用)更容易運用。

2. 三缺點法

根據浪費、不均、不合適的觀點檢查工作現場，發現問題。

3. 四 M 法

四 M 指四大生產要素的 Man(員工)、Machine(設備、工具)、Material(原料)、Method(方法)。按此四項主要領域，分別檢查工作現場。

4. PQCDSM 法

從 P(Productivity，生產性)、Q(Quality，品質)、C(Cost，成本)、D(Delivery，交貨)、S(Safety，安全)、M(Morale，士氣)六個層面檢討工作現場。

5. 五大任務法

五大任務指品質、成本、生產量、安全、人性。根據五大任務分別檢查工作現場。此核對表如表 7-1。

表 7-1 現場問題發現的核對表

1.現場與五大任務		2.現場的四 M	
①品質	不良品是否減少？ 修正品是否減少？ 廢棄品是否減少？ 客戶埋怨是否減少？ 參差不齊是否增加？ 偏頗是否增加？ 錯誤是否發生？ 異常是否發生？	①作業人	是否遵守標準規定？ 作業效率是否良好？ 責任感是否強烈？ 技能是否熟練？ 有無累積經驗？ 工作分配是否適當？ 有無上進意願？ 人際關係是否良好？ 健康情形是否良好？
②成本	經費是否節約？ 效率是否提高？ 勞力是否減少？ 工作是否浪費？ 是否有效利用時間？ 材料是否浪費？ 單位成本是否降低？ 生產是否提高？	②設備、工具	是否適合生產能力？ 是否適合作業程序？ 加油是否適當？ 檢查是否徹底？ 是否因故障停工？ 是否精確度不夠？ 是否發出異常聲音？ 配置是否適當？ 數量是否過多或過少？ 是否開始整理、整頓？

續表

③生產量	生產量是否按照預定？ 交貨是否脫期？ 庫存是否太多？ 數量錯誤是否減少？ 故障是否減少？ 作業速度是否提高？ 工期是否縮短？ 工作程序是否簡化？	③原料	數量是否錯誤？ 等級是否錯誤？ 品牌是否錯誤？ 是否混入不同原料？ 庫存量是否適當？ 是否浪費？ 處理是否良好？ 半成品是否擱置？ 配置是否良好？ 品質水準是否合乎標準？
④安全	災害是否減少？ 疲勞度是否改善？ 環境是否改善？ 是否開始整理、整頓？ 安全裝備是否有用？ 危險區域是否標示？ 衛生管理是否妥當？ 危險區域是否標示？	④方法	作業標準規定是否適宜？ 作業標準是否修訂？ 是否爲安全可行的方法？ 是否爲生產優良產品的方法？ 是否爲提高效率的方法？ 程序是否適當？ 安排是否良好？ 溫度、濕度是否適當？ 照明、通風是否適當？ 作業程序前後聯繫是否良好？
⑤人性	人際關係是否良好？ 幹勁是否提高？ 是否常有新創意產生？ 改善提案是否具有彈性？ 出勤率是否提高？ 工作場所是否爽化？ 是否妥善配合對方的情緒？ 有無成就感？		

表 7-2　現場問題的核對表

	3.現場的三缺點		4.現場的 5W1H
①太勉強	人員是否不適當？ 技能是否不適當？ 方法是否不適當？ 時間是否不適當？ 設備是否不適當？ 工具是否不適當？	①何人	應該由誰做？ 誰在做？ 最好由誰做？ 另外誰可以做？ 另外應該由誰做？ 是否有了缺點？
		②何物	誰應做什麼？ 現在正在做什麼？ 最好做什麼？ 另外應該做什麼？ 另外有什麼可以做？ 是否有了缺點？
②不均	人員是否不均？ 技能是否不均？ 方法是否不均？ 時間是否不均？ 設備是否不均？ 工具是否不均？	③何處	應該在那裏做？ 現在在那裏做？ 最好在那裏做？ 另外那裏可以做？ 另外應該在那裏做？ 那裏有了缺點？
		④何時	應該什麼時候做？ 什麼時候在做？ 最好什麼時候做？ 另外什麼時候可以做？ 另外什麼時候應該做？ 時間上有無缺點？

續表

③浪費	人員是否浪費？ 技能是否浪費？ 方法是否浪費？ 時間是否浪費？ 設備是否浪費？ 工具是否浪費？ 材料是否浪費？ 生產量是否浪費？ 庫存量是否浪費？ 場地是否浪費？ 想法是否浪費？	⑤何故	爲什麼由他做？ 爲什麼要做？ 爲什麼在那裏做？ 爲什麼那樣做？ 爲什麼那個時候做？ 想法有無缺點？
		⑥如何	應該如何做？ 如何在做？ 最好如何做？ 其他是否可以使用該方法？ 有無其他方法可以做？ 方法上有無缺點？

（二）使用方法

表 7-3　核對表

5W2H / 缺點	Who 人	what 工作	when 時間	why 目的理由	Where 場所	How to 方法	How much 費用	其他	備考
浪費	甲同事材料庫存餘額計算及材料庫存登記簿記賬工作每天平均 3 小時								
不均勻									
不適當						1 噸重卡車超載約 1 倍重量每天約 3 次			

二、特性列舉法

爲美國內布拉斯加大學克羅福特(P.R.Croford)教授所發明，原理是凡物都具有某些特性，如果思考如何改變該物的方法，便可改進物的原來效果。我們的經驗表明：與其眼睛盯著整個「物」全盤思考，不如分爲若干觀點或改變觀點比較容易激發創意。

物的特性可分爲：像材料、零件以名詞表現的特性；重量、顏色以形容詞表現特性，以及該物的功能以動詞表現特性。運用此法時，必須將物的特性分類再加以檢討，然後發現「物」的問題，充分發揮分析、解決的效果。

運用這種方法，達到容易分析檢討並產生創意的目的，故須將整個物品分解爲三個特性。但是，某一特性的變化將影響到其他特性，所以當思考創意的階段，即使專心思考某一特性，最後仍應以整體的觀點判斷利害得失。

例如，根據名詞特性將天然皮革改爲合成樹脂，固然可以降低成本，更容易加工以及減輕重量，但可能因此忽略了整個皮箱的外觀。因此，製造高級品時，應沿用天然皮革製造，而普及品及實用品才使用合成樹脂製造。

三、統計圖法

使用控制圖表和其他統計方法去評估、控制及有系統地減少過程和產品的變動性，稱爲統計圖法。

1.目的

(1)憑藉評估及確認過程，減少非隨機變動的原因，並將整個過程引入統計當中。

⑵將可容許的變動性予以數量化，視其爲產品、服務或原料規格的一部份。

⑶將過程在「控制下」運作，並區分正常變動性及過程變動性的差異，以瞭解何者需診斷及調整。

⑷評估過程能力，以符合顧客的需求。

⑸制定有效的統計測試方法及品質保證程序。

⑹當變動性可予以數量化分析時，可通過最適化來改進過程的效率和有效性。

2.常用的簡易統計圖法

⑴**推移圖**(又稱趨勢圖、歷史線圖或折線圖)。

推移圖是表示因時間變動的圖形。推移圖的繪製過程如下：

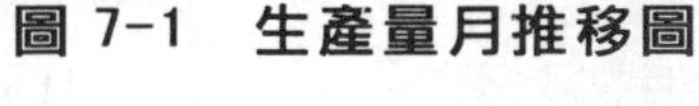

圖 7-1　生產量月推移圖

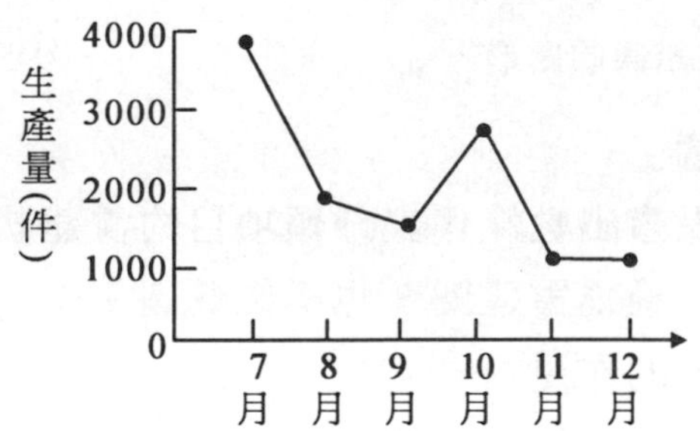

①決定週期，收集數據。

②計算不合格率或每單位缺點數。

③橫軸表示時間，縱軸表示統計事項的數值。

④以數據打點，點與時點之間以直線連接。

⑤記錄數據期間，記錄表的題目(目的)。

圖 7-2⑴是錯誤的推移圖示例，其問題點說明如下：

①縱軸最好不要加入中斷線。

②點與點之間的連線未連接，有間隙。

③縱軸刻度不適當，造成某個月份（如 3 月）的點位置不恰當；而其他某些月份（如 2 月、4 月）的連接線爲中斷線，無法掌握變化。

圖 7-2 A 零件每月生產量推移圖

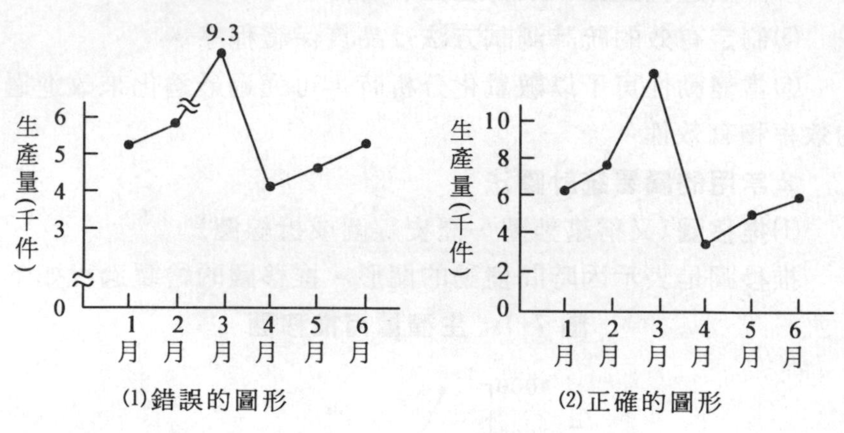

⑵**雷達圖**

由中心點畫出數條代表分類項目的雷達狀直線，以長度代表數量的大小，稱爲雷達圖，也稱蜘蛛圖。

①雷達圖的作用：

A.可觀察各項目之間的平衡。

B.在時間變化上，可掌握項目所佔比例的大小。

C.可瞭解各項目的目標值的達成程度。

D.可瞭解各項目與平均值的關係。

②雷達圖的作法：

A.先決定評價項目。評價項目到底有幾項，就在圓週上分爲幾等份，再從圓心畫一直線。

B. 劃分每一項目的基準。將直線等分成每一評價項目的分數，比如 10 分則從圓心至圓週的點為 10，在直線上畫出 10 個刻度。

C. 依每一項目得分作點到線上。

D. 將各點連接起來。

雷達圖如圖 7-3、圖 7-4 所示。

圖 7-3　品質管理活動推移情形雷達圖

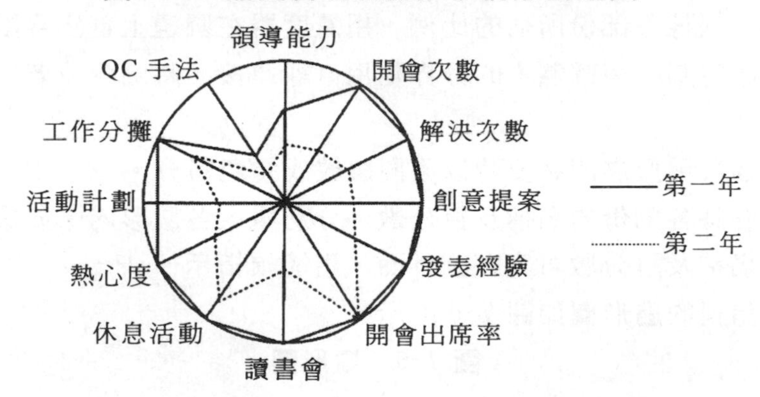

圖 7-4　品質管理方法的應用情形雷達圖

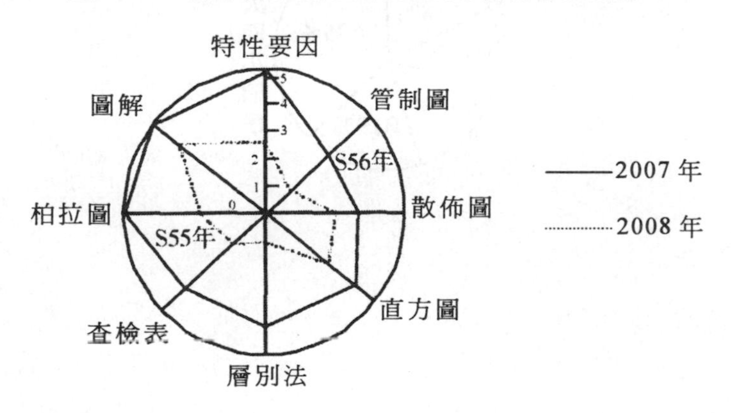

⑶**圓形圖（又稱扇形圖）**

以圓形中扇形的度數多少表示各個部份所佔比例的圖形稱爲扇形圖。如圖 7-5 所示。

繪製方法：

①求各項數值佔全體總數的百分比。

②將圓圈分爲 100 等份，每一等份即爲 3.6 度。

③繪一圓圖，並以時鐘的 12 時按順時針方向，由大數值至小數值，根據各部份所佔的比例，用量度器在圓週上畫出界限值。

④將圓心與圓週上的分界點用直線連接，將圓分成若干個扇形。

⑤各扇形之間必要時以不同線紋或顏色區分。

⑥將各部份的名稱及百分數，分別填入各扇形內。如扇形過小，名稱及百分數可寫在圓外面，用箭頭指示。

錯誤的扇形圖如圖 7-6 所示。

圖 7-5　扇形圖

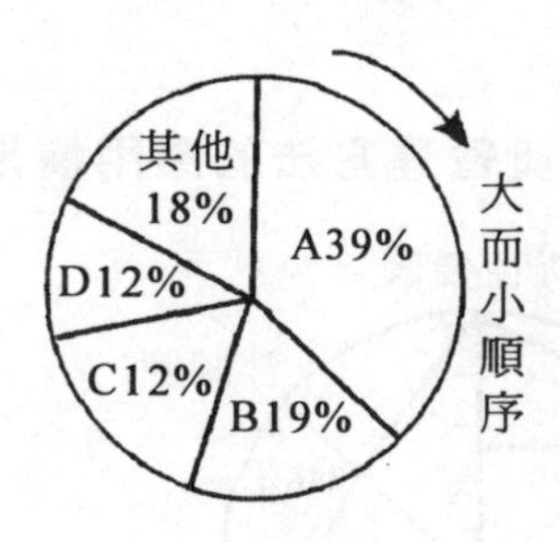

圖 7-6　2008 年品質管理活動主題分類扇形圖(錯誤示例)

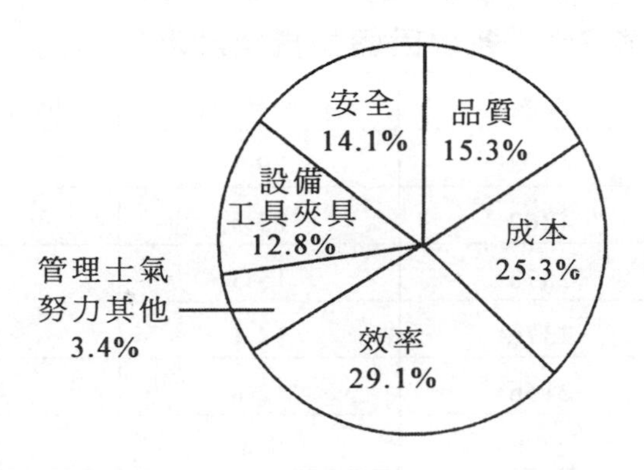

問題點說明：

①對項目的次序安排未按大小順序排列，不易識別。

②對資料來源及樣本大小未標示清楚

正確的扇形圖如圖 7-7 所示。

圖 7-7　2008 年品質管理活動主題分類圓形圖(正確示例)

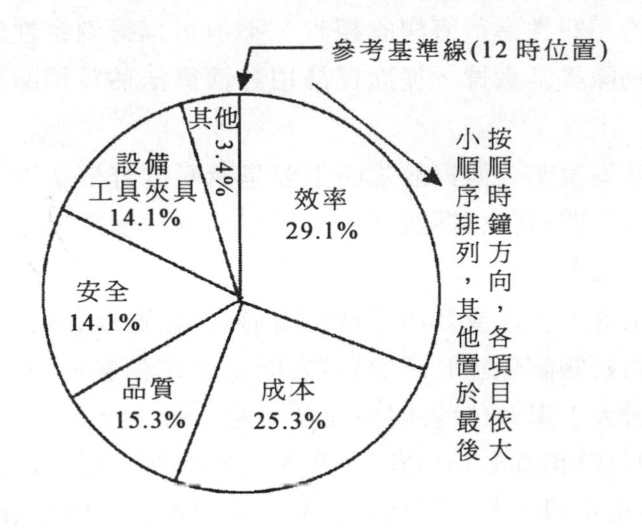

圖內各分類項目統計數據轉換成角度：

表 7-4　各項目轉換成角度表

項目	件數	百分比(%)	換算成角度
效率	4903	29.1	105°
成本	4262	25.3	91°
品質	2578	15.3	55°
安全	2376	14.1	51°
設備	2156	12.8	46°
其他	573	3.4	12°
總計	16848	100	360°

⑷**散佈圖**

散佈圖是表示兩個變數之間關係的圖，又稱相關圖，用於分析兩測定值之間的相互關係，它有直觀簡便的優點。通過散佈圖對數據的相關性進行直觀的觀察，不但可以得到定性的結論，而且可以剔除異常數據，從而提高用計演算法估算相關程度的準確性。

①基本說明：觀察散佈圖主要是看點的分佈狀態，概略地估計兩因素之間有無相關關係，從而得到兩個變數的基本關係，爲品質控制服務。

②相應的表格或其他工具：圖形(a)和圖形(b)表明 X 和 Y 之間有強的相關關係，且圖形(a)表明是強正相關，即 X 增大時，Y 也顯著增大；圖形(b)表明是強負相關，即 X 增大時，Y 卻顯著減小。圖形(C)和圖形(d)表明 X 和 Y 之間存在一定的相關性。圖形(C)爲弱正相關，即 X 增大時，Y 也大體增大；圖形(d)爲弱負相關，即 X 增大，Y 反而會減小。圖形(e)表明 X 和 Y 之間不相關，

X 變化對 Y 沒有什麼影響。圖形(f)表明 X 和 Y 之間存在相關關係，但這種關係比較複雜，是曲線相關，而不是線性相關。

圖 7-8　散佈圖(幾種相關關係圖形)

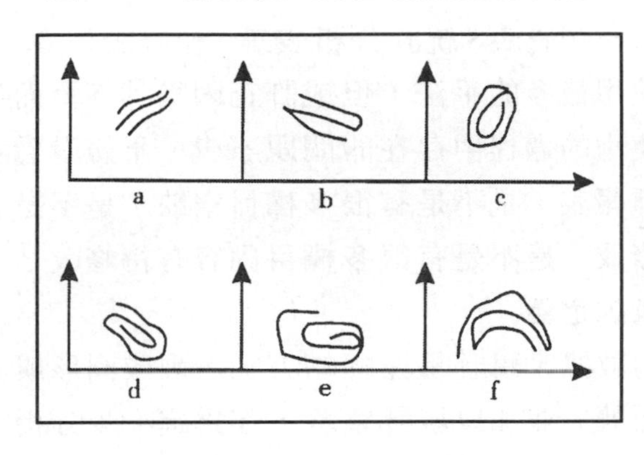

思維解決問題的遊戲

7.工程師妙計運鋼管

一次，一位工程師到國外去考察，回國時隨身帶了一根由特殊工藝製成的鋼管，因為它正是國內的研究和試驗必需的東西。可直到工程師即將登上飛機的時候，才發覺該國航空公司規定隨身攜帶的貨物其長、寬、高都不准超過 1 米，而這根鋼管直徑雖然只有 2 釐米，但它的長度卻有 1.7 米，是不允許被帶到飛機上的物品。這可怎麼辦呢？工程師著急了。眼看著飛機就要起飛了，工程師突然想到了一條妙計，並很快順利地把這根鋼管帶到飛機上，而且既沒有損壞鋼管，又沒有違反航空公司的有關規定。

那麼，這位工程師想到了一條什麼樣的妙計呢？

答案見 306 頁

四、檢查表

檢查表又稱調查表、統計分析表等。檢查表是 QC 七大手法中最簡單也是使用最多的手法，但或許正因爲其簡單而不受重視，所以檢查表使用的過程中存在的問題不少。不妨看看我們現在正在使用的各種報表，是不是有很多欄目空缺？是不是有很多欄目內容進行了修改？是不是有很多欄目內容有待修改？

1.檢查表的定義

以簡單的數據，用容易理解的方式，製成圖形或表格，必要時記上檢查記號，並加以統計整理，作爲進一步分析或核對檢查之用。

2.目的

記錄某種事件發生的頻率。

3.時機

⑴當你必須記下某種事件發生的具體情況時。

⑵當你想瞭解某事件發生的次數時。

⑶當你想收集資訊時。

4.檢查表種類

⑴點檢用檢查表，例如 5S 檢查表、點名冊、裝配表等。

⑵記錄用檢查表，例如簽到表、產品履歷表、設備異常記錄表等。

5.檢查表的製作步驟

⑴決定檢查的項目。

⑵決定檢查的頻率。

⑶決定檢查的人員及方法。

⑷決定相關條件的記錄方式，如作業場所、日期、工程等。

⑸決定檢查表格式(圖形或表格)。

⑹決定檢查記錄的符號，如：正、＋、△、*、○等。

6.使用檢查表的注意事項

⑴應儘量取得分層的信息。

⑵應儘量簡便地取得數據。

⑶應立即與措施結合。應事先規定對什麼樣的數據發出警告，以便停止生產或向上級報告。

⑷檢查項目如果是很久以前制定現已不適用的，必須重新研究和修訂。

⑸通常情況下，歸類中不能出現「其他問題類」。

表 7-5　5S 現場杳檢表

點檢單位：　　　　　　　　　　　　　　年　月　日

	診斷內容	優	良	差
		4	2	0
地板	1.乾淨			
	2.物品佔用通道			
	3.物品堆放整齊			
	4.垃圾、灰塵			
	5.零件、製品掉落			
	6.隨意放置，不需要鋪墊物			
壁面	1.門窗玻璃被灰塵污染			
	2.壁面龜裂、油漆脫落			
	3.告示板			
	4.壁面掛貼不需要的東西			
天花板	1.蜘蛛絲、破洞			
	2.燈具有無油灰污染			
	3.燈具有無故障			

續表

桌椅	1.雜誌			
	2.私人用品			
	3.乾淨			
	4.整潔			
	5.光線充足			
	6.椅子高度			
	7.垃圾桶異味			
其他	1.閒雜人聊天			
	2.大聲喧嘩			
	3.置物架零亂			
	4.書報亂丟			
合計	小計			

受檢單位主管：＿＿＿＿＿＿　　檢查者：＿＿＿＿＿＿

五、腦力激盪法

腦力激盪法(Brain Storming)的發明者是現代創造學的創始人、美國學者阿曆克斯・奧斯本，他於 1938 年首次提出腦力激盪法。Brain Storming 原指精神病患者頭腦中短時間出現的思維紊亂現象，病人會產生大量的胡思亂想。奧斯本借用這個概念來比喻思維高度活躍，打破常規的思維方式而產生大量創造性設想的狀況。腦力激盪法的特點是讓與會者敞開思想，使各種設想在相互碰撞中激起腦海的創造性風暴。其可分爲直接腦力激盪法和質疑腦力激盪法。前者是在專家群體決策的基礎上盡可能激發創造性，產生盡可能多的設想方法；後者則是對前者提出的設想、方案逐一質疑，發現其現實可行性的方法。腦力激盪法是一種集體開發創造性思維的方法。

1.腦力激盪法的基本程序

腦力激盪法力圖通過一定的討論程序與規則來保證創造性思維的有效性，由此，討論程序構成了腦力激盪法能否有效實施的關鍵因素。從程序上來說，組織腦力激盪法關鍵在於以下幾個環節。

⑴**確定議題**

一個好的腦力激盪法從對問題的準確闡明開始。因此，必須在會前確定一個目標，使與會者明確知道通過這次會議需要解決什麼問題，同時不要限制可能的解決方案的範圍。一般而言，比較具體的議題能使與會者較快提出設想，主持人也較容易掌握；比較抽象和宏觀的議題引發設想的時間較長，但設想的創造性也可能較強。

⑵**會前準備**

爲了使腦力激盪暢談會的效率較高，效果較好，可在會前做一點準備工作，如收集一些資料預先給大家參考，以便與會者瞭解與議題有關的背景材料和外界動態。就參與者而言，在開會之前，對於要解決的問題一定要有所瞭解；會場可作適當佈置，座位排成圓環形往往比教室式的環境更爲有利。此外，在腦力激盪會正式開始前，還可以出一些創造性的測驗題供大家思考，以便活躍氣氛，促進思維。

⑶**確定人選**

一般以 8～12 人爲宜，也可略有增減(5～15 人)。與會者人數太少不利於交流信息、激發思維；而人數太多則不容易掌握，並且每個人發言的機會相對減少，也會影響會場氣氛。只有在特殊情況下，與會者的人數可不受上述限制。

⑷明確分工

要推定一名主持人，1～2 名記錄員(秘書)。主持人的作用是在腦力激盪暢談會開始時重申討論的議題和紀律，在會議進程中啓發、引導，掌握進程。如通報會議進展情況，歸納某些發言的核心內容，提出自己的設想，活躍會場氣氛，或者讓大家靜下來認真思索片刻再組織下一個發言高潮等。記錄員應將與會者的所有設想都及時編號，簡要記錄，最好寫在黑板等醒目處，讓與會者能夠看清；記錄員也應隨時提出自己的設想，切忌持旁觀態度。

⑸規定紀律

根據腦力激盪法的原則，可規定幾條紀律，要求與會者遵守。如要集中注意力積極投入，不消極旁觀；不要私下議論，以免影響他人的思考；發言要針對目標，開門見山，不要客套，也不必作過多的解釋；與會者之間要相互尊重，平等相待，切忌相互褒貶，等等。

⑹掌握時間

會議時間由主持人掌握，不宜在會前定死，一般來說，以幾十分鐘爲宜。時間太短，與會者難以暢所欲言；時間太長，則容易產生疲勞感，影響會議效果。經驗表明，創造性較強的設想一般要在會議開始 10～15 分鐘後逐漸產生。美國創造學家帕內斯指出，會議時間最好安排在 30～45 分鐘之間，倘若需要更長時間，就應把議題分解成幾個小問題分別進行專題討論。

2.腦力激盪法成功要點

一次成功的腦力激盪暢談會除了程序上的要求之外，更爲關鍵的是探討方式及心態上的轉變，即充分的、非評價性的、無偏見的交流。具體而言，可歸納爲以下幾點：

⑴自由暢談

參加者不應該受任何條條框框的限制，放鬆想法，讓思維自由馳騁，從不同角度、不同層次、不同方位，大膽地展開想像，盡可能地標新立異、與眾不同，提出獨創性的想法。

⑵延遲評判

腦力激盪，必須堅持當場不對任何設想作出評價的原則，既不能肯定某個設想，又不能否定某個設想，也不能對某個設想發表評論性的意見，一切評價和判斷都要延遲到會議結束以後才能進行。這樣做，一方面是爲了防止評判約束與會者的積極思維，破壞自由暢談的有利氣氛；另一方面是爲了集中精力先開發設想，避免把應該在後階段做的工作提前進行，影響創造性設想的大量產生。

⑶禁止批評

絕對禁止批評是腦力激盪法應該遵循的一個重要原則。參加腦力激盪會議的每個人都不得對別人的設想提出批評意見，因爲批評對創造性思維無疑會產生抑制作用；同時，發言人的自我批評也在禁止之列。有些人習慣於用一些自謙之詞，這些自我批評性質的說法同樣會破壞會場氣氛，影響自由暢想。

⑷追求數量

腦力激盪會議的目的是獲得盡可能多的設想，追求數量是它的首要任務。參加會議的每個人都要抓緊時間多思考，多提設想，至於設想的品質問題，自可留到會後的設想處理階段去解決。在某種意義上看，設想的品質和數量密切相關，產生的設想越多，其中的創造性設想就可能越多。

3.會後的設想處理

通過組織腦力激盪暢談會，往往能獲得大量與議題有關的設想。至此，任務只完成了一半。更重要的是對已獲得的設想進行整理、分析，以便選出有價值的創造性設想來加以開發和實施，這項工作就是設想處理。

腦力激盪法的設想處理通常安排在腦力激盪暢談會的次日進行。在此以前，主持人或記錄員(秘書)應設法收集與會者在會後產生的新設想，以便一併進行評價處理。

設想處理的方式有兩種：一種是專家評審，可聘請有關專家及暢談會與會者代表若干人(5人左右爲宜)承擔這項工作；另一種是二次會議評審，即由腦力激盪暢談會的參加者共同舉行第二次會議，集體進行設想的評價處理工作。

4.避免偏失

腦力激盪法是一種技能，一種藝術，腦力激盪的技能需要不斷提高。如果想使腦力激盪保持高的績效，必須每個月進行不止一次的腦力激盪暢談會。

有活力的腦力激盪會議傾向於遵循一系列陡峭的「智慧」曲線，開始時，能量緩慢地積聚，然後非常快，接著又開始進入平緩的時期。腦力激盪主持人應該懂得通過小心地提及並培育一個正在出現的話題，讓創意在陡峭的「智慧」曲線階段自由形成。腦力激盪法提供了一種有效的就特定主題集中注意力與想法進行創造性溝通的方式，無論是對於學術主題探討或者日常事務的解決，都不失爲一種可資借鑑的途徑。唯須謹記的是使用者切不可拘泥於特定的形式，因爲腦力激盪法是一種生動靈活的技法，應用這一技法的時候，完全可以並且應該根據與會者的情況，以及時間、地點、條件和主題的變化而有所變化，有所創新。

六、名義群體法

名義群體法(Nominal Group Technique，NGT)，是指在決策過程中對群體成員的討論或人際溝通加以限制，但群體成員是獨立思考的。像召開傳統會議一樣，群體成員都出席會議，但群體成員首先進行個體決策。

1.名義群體法的步驟

在問題提出之後，可以採取以下幾個步驟：

⑴成員集合成一個群體，但在進行任何討論之前，每個成員獨立地寫下他對問題的看法。

⑵經過一段沉默後，每個成員將自己的想法提交給群體，然後一個接一個地向大家說明自己的想法，直到每個人的想法都表達完並記錄下來為止(通常記在一張活動掛圖或黑板上)。所有的想法都記錄下來之前不進行討論。

⑶群體開始討論，以便把每個想法弄清楚，並作出評價。

⑷每一個群體成員獨立地把各種想法排出次序，最後的決策是綜合排序最高的想法。

2.名義群體法的優點

名義群體法的主要優點是不限制每個人的獨立思考，但是又不像互動群體那樣限制個體的思維，而傳統的會議方式往往做不到這一點。

從表 7-6 可以看出，互動群體法有助於增強群體內部的凝聚力，腦力激盪法可以使群體的壓力降到最低，德爾菲法能使人際衝突趨於最小，電子會議法可以較快地處理各種觀點。

表 7-6　名義群體法與其他決策法相比較

效果標準與決策方法	互動群體法	腦力激盪法	名義群體法	德爾斐法
觀點的數量	低	中等	高	高
觀點的品質	低	中等	高	高
社會壓力	高	低	中等	低
財務成本	低	低	低	低
決策速度	中等	中等	中等	低
任務導向	低	高	高	高
潛在的人際衝突	高	低	中等	低
成就感	從高到低	高	高	中等
對決策結果的承諾	高	不適用	中等	低
群體凝聚力	高	高	中等	低

思維解決問題的遊戲

8.用總統做廣告的書商

在國外，有位書商的手中存有一批滯銷書。一次，他在電視裏看到一個節目，裏面介紹本國的總統很愛讀書。這個消息使書商立刻想到了一個快速賣書的辦法。他先給總統送去了這批滯銷書中的一本，然後又多次打電話給總統，詢問他對這本書的看法。總統當然很不耐煩，便隨便地說了一句「不錯」。於是，書商就利用總統的這句話為自己的書做起了廣告。結果書很快就銷售一空。

接下來，書商又想用這個辦法來推銷他的另一批滯銷書。可總統再也不肯輕易對書做出任何的評價了。然而聰明的書商還是很快賣光了自己的書。

想想看，這次書商如何利用總統為自己的滯銷書做的廣告？

答案見 306 頁

七、面談法

面談法是由分析人員分別訪問員工本人或其主管人員，以瞭解工作說明中原來填寫的各項目的正確性，或對原填寫事項有所疑問，以面談方式加以澄清的方法。

1.面談的作用

一是對於觀察所不能獲得的資料，可由此獲得；二是對已獲得的資料加以證實。

該方法也是美國企業界使用最廣的方法之一。

儘管它不像問卷調查那樣具有完善的結構，但具有問卷調查不可替代的作用。

2.面談的內容

⑴工作目標：組織爲什麼設立這一職務，根據什麼確定該職務相應的報酬。

⑵工作內容：任職者在組織中有多大的作用，其行動對組織產生的後果有多大。

⑶工作的性質和範圍：這是面談的核心，主要瞭解該任職者在組織中的關係，其上、下屬職能的關係，所需的一般技術知識、管理知識、人際關係知識，需要解決問題的性質等。

⑷所負責任：涉及組織、戰略政策、控制、執行等方面。

3.面談的形式

面談的形式可分爲個人面談、集體面談和管理人員面談三種。由於有些工作可能主管與任職人員的說法不同，分析人員必須把雙方的資料合併在一起，進行獨立的觀察與權衡。這不僅需要運用科學的方法，還需要有可被人接受的人際關係處理技能。

因此，應該把這三種面談方式加以綜合運用，這樣才能對面談的內容真正做到透徹瞭解。

4. **面談法的步驟**

⑴事先需徵得面談員工直接上級的同意，儘量獲取直接上級的支援。

⑵在無人打擾的環境中進行面談。

⑶向員工講解職務分析的意義，並介紹面談的大體內容。

⑷為了消除員工的緊張情緒，分析人員可以從輕鬆的話題開始。

⑸鼓勵員工真實、客觀地回答問題，不必對面談的內容產生顧忌。

⑹分析人員按照面談提綱的順序，由淺入深地進行提問。

⑺營造輕鬆的氣氛，使員工暢所欲言。

⑻注意把握面談的內容，防止員工跑題。

⑼在不影響員工談話的前提下，進行談話記錄。

⑽在面談結束時，應該讓員工查看並認可談話記錄。

⑾面談記錄確認無誤後，完成信息收集任務，向員工致謝。

5. **面談應該注意的問題**

⑴尊重面談者，接待要熱情，態度要誠懇，用語要適當。

⑵營造一種良好的氣氛，使面談者感到輕鬆愉快。

⑶分析人員應該啓發和引導，對重大原則問題應避免發表個人看法和觀點。

6. **面談法的優缺點**

⑴優點：用這種方法可以獲得標準和非標準的資料，也可獲得體力和腦力的資料。由於面談者本身也是自己行為的觀察者，因此，他可以提供常常不易觀察到的情況。

⑵缺點：分析人員對某一工作固有的觀念會影響相對分析結果的正確判斷。而面談者可能出於自身利益的考慮，採取不合作的態度，或有意無意地誇大自己所從事工作的重要性、複雜性，導致工作信息失真。若分析人員和被調查者相互不信任，應用該方法具有一定的危險性，因此，面談法不能單獨作爲信息收集的方法，只適合與其他方法一起使用。

八、屬性列舉法

屬性列舉法，也稱特性列舉法，是美國尼布拉斯加大學的克勞福德(Robert Crawford)教授提倡的一種著名的創意思維策略。此法強調使用者在創造的過程中觀察、分析事物或問題的特性或屬性，然後針對每項特性提出改良或改變的構想。

屬性列舉法特別適用於老產品的升級換代，其方法是將一種產品的特點列舉出來，製成表格，然後再把改善這些特點的事項列成表。其特點在於能保證對問題的所有方面作全面的分析研究。先將決策系統劃分爲若干個子系統(即把決策問題分解爲局部小問題)，並把它們的特性一一列舉出來；然後將這些特性加以區分，劃分爲概念性約束、變化規律等，並研究這些特性是否可以改變，以及改變後對決策產生的影響，並由此提出問題的解決方法。此法的優點是能保證對問題的所有方面進行全面的研究。

1.屬性列舉法實施步驟

⑴將物品或事物分爲下列三種屬性：

①名詞屬性：全體、部份、材料、制法。

②形容詞屬性：性質、狀態。

③動詞屬性：功能。

⑵進行特徵變換。

⑶提出新產品構想（依變換後的新特徵與其他特徵組合，可得到新產品）。

2.屬性列舉法的具體做法

屬性列舉法的具體做法是把事物的特性分爲名詞特性、動詞特性和形容詞特性三大類，並把各種特性列舉出來，從這三個角度進行詳細的分析，然後通過聯想，看看各個特性能否加以改善，以便尋找新的解決問題的方案。該法簡單，既適用於個人，也適用於群體。例如，選擇水壺爲課題，那麼，列出的特性有：

⑴名詞特性：

①全體：水壺。

②部份：壺柄、壺蓋、蒸汽孔、壺身、壺口、壺底。

③材料：鋁、銅。

⑵形容詞特性：輕、重、大、小、灰色、銀白色。

⑶動詞特性：燒水、裝水、倒水。

然後再對各部份進行具體的分析。

3.實例操作

下面以設計新的椅子爲例，進行實例操作：

⑴首先，把可以看作是椅子屬性的東西分別列出名詞、形容詞及動詞三類屬性，並以腦力激盪法的形式一一列舉出來。

⑵如果列舉的屬性已達到一定的數量，可從下列兩個方面進行整理：

①內容重覆者歸爲一類。

②相互矛盾的構想統一爲其中的一種。

⑶將列出的事項按名詞屬性、形容詞屬性及動詞屬性進行整理，並考慮有沒有遺漏的，如有新的要素須補充進去。

⑷利用項目中列舉的性質，按各類別進行歸類或者把它們改變成其他的性質，以便尋求是否有更好的有關椅子的構想。

⑸針對各種屬性進行考慮後，再進一步去構想，就可以設計出實用的新型椅子了。

九、缺點列舉法

缺點列舉法是通過會議的形式收集新的觀點、方案、成果來分析公共政策的方法。這種方法的特點是從列舉事物的缺點入手，找出現有事物的缺點和不足之處，然後再探討解決問題的方法和措施。

1.缺點列舉法的兩個階段

這種缺點分析方法一般分為如下兩個階段：

⑴列舉缺點階段

在列舉缺點階段，召開專家會議，啓發大家分析對象的缺點。如探討技術政策的改進問題，會議主持者應就以下幾個問題啓發大家：現行政策有那些不完善之處？在那些方面不利於科學技術進步和科技轉化為生產力？科技人員積極性不高與現行的技術政策有關嗎？等等。尋找事物的缺點是很重要的一步，缺點找到了，就等於在解決問題的道路上走了一半。

⑵探討改進方案階段

在這一階段，會議主持者應啓發大家思考存在上述缺點的原因，然後根據原因找到解決的辦法。會議結束後，應按照「缺點」、「原因」、「解決辦法」和「新方案」等項目列成簡明的表格，以供下次會議或撰寫分析報告用，亦可從中選擇最佳方案。

2.缺點列舉法的具體做法

用缺點列舉法進行創造發明的具體做法是：召開一次缺點列舉會，會議由 5～10 人參加，會前先由主管部門針對某項事務選舉一個需要改革的主題，在會上發動與會者圍繞這一主題儘量列舉各種缺點，越多越好；另請人將提出的缺點逐一編號，記在一張張小卡片上，然後從中挑選出主要的缺點，並圍繞這些缺點制定出切實可行的改革方案。一次會議的時間一般在一兩個小時之內，會議討論的主體宜小不宜大；即使是大的主題，也要分成若干小題，分次解決，這樣，原有的缺點就不致被遺漏。

3.缺點列舉法的應用

缺點列舉的應用面非常廣泛，它不僅有助於革新某些具體產品，解決屬於「物」一類的硬技術問題，而且還可以應用於企業管理中，解決屬於「事」一類的軟技術問題。

思維解決問題的遊戲

9.反應迅速的演員

某村子搞演出，由兩個人來飾演劇中的一對鄰居。由於這兩個人剛鬧了點兒矛盾，所以第一個人就想趁機讓第二個人出醜。於是當他應該按劇情將一份寫有台詞的紙交給第二個人來念時，他偷偷地將這張紙換成了白紙，並在演出時假模假樣的交給第二個人，等第二個人發現時已經來不及了，因為台下的觀眾還等著看戲呢。怎麼辦呢？急中生智的他用最快的時間就想出了對策，不僅使自己擺脫了窘境，還懲罰了那個試圖讓自己出醜的人。

請你猜猜，他到底用了什麼辦法呢？

答案見 306 頁

十、希望點列舉法

希望點列舉法是由 Nebrasa 大學的克勞福特(Robert Crawford)發明的。

這是一種不斷地提出希望、理想和願望，進而探求解決問題和改善對策的技法，它是指通過列舉新的事物希望具有的屬性，以尋找新的發明目標的一種創造方法；也是一種使問題和事物的本來目的聚合成焦點來加以考慮的技法。

1. 希望點執行步驟

希望點列舉法的實施主要有三個步驟，即：

(1)激發和收集人們的希望。

(2)仔細研究人們的希望，以形成「希望點」。

(3)以「希望點」爲依據，創造新產品以滿足人們的希望。

2. 希望點列舉法的具體做法

用希望點列舉法進行創造發明的具體做法是：召開希望點列舉會議，每次可有 5～10 人參加。

會前由會議主持人選擇一件需要革新的事情或者事物作爲主題，隨後發動與會者圍繞這一主題列舉出各種改革的希望點；爲了激發與會者產生更多的改革願望，可將各人提出的希望點寫在小卡片上，並在與會者之間傳閱，這樣可以在與會者中產生連鎖反應。會議一般舉行 1～2 個小時，產生 50～100 個希望點，即可結束。

會後將提出的各種希望點進行整理，從中選出目前可能實現的若干項進行研究，制定出具體的革新方案。

例如，有一家制筆公司用希望點列舉法產生出了一批改革鋼筆的希望點：希望鋼筆出水順利；希望絕對不漏水；希望一支筆可以寫出兩種以上的顏色；希望不沾汙紙面；希望書寫流利；希望能粗能細；希望小型化；希望筆尖不開裂；希望不用吸墨水；希望省去筆套；希望落地時不損壞筆尖，等等。這家制筆公司從中選出「希望省去筆套」這一條，研製出一種像圓珠筆一樣可以伸縮的鋼筆，從而省去了筆套。

3.希望點列舉法的注意事項

⑴由列舉希望點獲得的發明目標與人們的需要相符，便能適應市場。

⑵希望是由想像而產生的，思維的主動性強，自由度大，所以，列舉希望點所得到的發明目標含有較多的創造成分。

⑶列舉希望時一定要注意打破定式。

⑷對於列舉出的一些「荒唐」意見，應用創造性的觀點進行評價，不要輕易放棄。

十一、SAAM屬性改良配列法

SAAM法是把一個物體最主要的屬性(特徵)列舉出來，再用檢查表法把各個項目加以變化，並將其加以重新組合，然後再找出其中可以實行而且也有效果的項目。

在使用檢查表法的時候，我們會發現被檢查的事物範圍太大了，如果用「替換」來變更設計，應該變更那一部份的設計並沒有具體確定，而SAAM法則解決了這一問題。

SAAM法是對檢查表法的進一步完善，它首先把要檢查的事物的屬性列舉出來，再對各個屬性進行「檢查」，使思路更廣，目標更明確。

SAAM 法實質上是將列舉法和檢查表法互相配合使用的一種方法，它也叫「屬性改良配列法」，這種方法對於改良事物性質等方面，有極大的功效。

1. **SAAM 法的具體操作步驟**

⑴首先必須對檢查表法有一個比較深入的瞭解。

⑵選擇那些欲加改良的製品，把它們的屬性和特徵一一列舉出來。

⑶利用檢查表法對這些特性逐項加以修正或變更，開發出改良品。

⑷確定可行的改善方案，並付諸實際行動中，確保方案得到實施。

我們以螺絲刀為例，說明 SAAM 法的具體做法。

首先列舉出螺絲刀的特性，它的特性有：手柄是木制的；是棒狀的鐵器；前端呈平刀口形狀；使用時是手動的。

那麼，這些屬性是否有改變的可能呢？

⑴我們可以在木製品上塗上夜光漆，使人即使在黑暗中也可以找到它；在木柄上除了刻條紋防滑外，還可以雕刻上其他圖案，或裝飾上其他小技術品；可以用塑膠或其他材料代替木柄；可以在木柄上裝上一個小鐵環，以便能吊掛起來；可以製成鋼筆套子形狀，便於攜帶……

⑵我們可以視用途的需要而改變，製成螺旋式的、尖錐式的、十字形的等；可讓它帶上磁性，吸聚小螺絲釘等；還可把木制圓柄改成正方形、六邊形等帶角形物體，以便配合扳手使用……

⑶裝上動力，讓它不使用人力就可以扭轉，或用一鐵條穿過木柄，利用力矩作用，省時省力……

為了使思路更廣，可配合檢查表法，畫出一張表格，橫向表示事物屬性，縱向表示檢查項目，再逐項進行改善。

2. SAAM 法的實施要點

⑴使用 SAAM 法之前，首先要用列舉法把該物品所具有的屬性完全發掘出來，並加以理解。而在理解事物的屬性時，我們可以從三個方面著手：

①它是用何種材料製成的？

②它是用什麼方法製造的？

③要怎樣才能使用它？用什麼方法才能讓它發揮功用？

至於「太重」、「太大」、「太貴」、「不方便」等，這些都不能視爲事物本身的屬性，「屬性」應該是指事物在物理上的、內在的特徵，如原料、製造方法、使用方法等。

⑵在 SAAM 法中，最重要的是舉出很多的構想，跟聯想法的要領一樣，多多益善。

⑶在使用 SAAM 法時，必須先對檢查表法有深入的瞭解，並且應落實在使用檢查表法時要注意的問題。

十二、戈登法

戈登法是由美國麻省理工大學教授威廉・戈登於 1964 年始創的。戈登法又稱教學式腦力激盪法或隱含法，這是一種由會議主持人指導並進行集體講座的技術創新技法。其特點是不讓與會者直接討論問題本身，而只是討論問題的某一局部或某一側面，或者討論與問題相似的另一問題，或者把問題抽象化後向與會者提出。主持人對提出的構想加以分析研究，一步步地將與會者引導到問題本身上來。

戈登法是由腦力激盪法衍生出來的，是自由聯想的一種方法。但其與腦力激盪法有所區別：腦力激盪法要明確提出主題，並且盡可能地提出具體的課題；與此相反，戈登法並不明確地提出課題，而是在給出抽象的主題之後，尋求卓越的構想。例如，在尋求烤麵包器的構想時，按照腦力激盪法就是提出一個新的烤麵包器的構想；但是，就同一個課題而言，由於戈登法受到傳統方法的限制，新穎的構想就難以提出，故以「燒制」作爲主題，尋求有關各種燒制方法的設想。在這種技法中，有關的成員完全不知道真正的課題，只有主管知道，他從成員的發言中得到啓示，推進技法的實施。

戈登法的優點是將問題抽象化，有利於減少束縛，產生創造性想法；難點在於主持者如何引導。

戈登法有兩個基本觀點：一是「變陌生爲熟悉」，即運用熟悉的方法處理陌生的問題；二是「變熟悉爲陌生」，即運用陌生的方法處理熟悉的問題。

該法能避免思維定式，使大家跳出框框去思考，充分發揮群體智慧，以達到方案創新的目的。

但是，該法對會議主持人的要求是很高的，智力激發的效果與會議主持人的方法、藝術也有很直接的關係，這需要主持人在實踐中不斷鍛鍊和提高。因此，其難點在於主持者如何引導。

1. 戈登法的實施方法

戈登法的實施在很大程度上取決於參加者，而與其他技法相比，主管有著更爲舉足輕重的作用。

主管在主持討論的同時，要完成將參加者提出的論點同真實問題結合起來的任務，因此，要求主管有豐富的想像力和敏銳的洞察力。

參與成員的人數以 5～12 名爲佳，盡可能由不同專業的人參加，如有科學家和藝術家參加那就更好。參加者預先必須對戈登法有深刻的理解，不然的話會感到無所適從。

會議時間一般爲 3 小時左右，這是因爲尋求來自各方面的設想需要較長的時間；另外，讓會議進行到使人感到某種程度的疲勞時，可望獲得無意識中產生的設想。

會議最好是在安靜的房間中進行。與會議室等相比，舒適的接待室更爲理想。一定要將黑板或記錄用紙掛在牆上，參加者可將設想和圖表寫在上面。

2. 戈登法的步驟

⑴主管決定主題

認真分析實質問題，概括出該事物的功能作爲主題。會議必須在揭示實質問題，且能更廣泛地提出設想的情況下進行。例如：

表 7-7　戈登法示例

實質性問題	戈登法的主題
新型的罐頭起子	開啓
城市停車場	儲藏
軸承的改進	無摩擦
新型牙刷	去污垢
割草機	分離

⑵召開會議

主題決定以後，主管召開會議，讓參加者自由發表意見。當與實質性問題有關的設想出現時，馬上要將其抓住，使問題向縱深發展，並給予適當的啓發，同時指出方向，使會議繼續下去；在最佳設想好像已經出現、時間又將接近終點時，要使實質問題逐漸明朗化，然後結束會議。

3. 戈登法與腦力激盪法的不同之處

爲了克服腦力激盪法的缺點，戈登法規定除了會議主持人之外，不讓與會者知道真正的意圖和目的。在會議上把具體問題抽象爲廣義的問題來提出，以引起人們廣泛的設想，從而給主持人暗示出解決問題的方案。

腦力激盪法存在以下缺點：

⑴腦力激盪法在會議一開始就將目的提出來，這種方式容易使見解流於表面，難免膚淺。

⑵腦力激盪法會議的與會者往往堅信唯有自己的設想才是解決問題的上策，這就限制了他的思路，提不出其他的設想。

4. 戈登法實例操作

下面以開發新型剪草機爲例說明戈登法的步驟。

⑴確定議題

主持人的真正目的是要開發新型剪草機，但是不讓與會人知道。剪草機的功能可抽象爲「切斷」或「分離」，可選「切斷」或「分離」爲議題。但是如果定爲「切斷」，則使人自然想到需要使用刃具，對打開思路不利，於是就選定「分離」爲議題。

⑵主持人引導討論

主持人：這次會議的議題是「分離」。請考慮能夠把某種東西從其他東西上分離出來的各種方法。

甲：用離子樹脂和電能法能夠把鹽從鹽水中分離出來。

主持人：您的意思是利用電化學反應進行分離。

乙：可以使用篩子將大小不同的東西分開。

丙：利用離心力可以把固體從液體中分離出來。

主持人：換句話說，就是旋轉的方式吧，就像把奶油從牛奶中分離出來那樣……

⑶主持人得到啟發

例如，使用離心力就暗示使滾筒高速旋轉。從這個暗示中，主持人得到這樣的啓發：剪草機是否可以使用高速旋轉的帶鋸齒的滾筒，或者電動刮鬍刀式的東西。主持人把似乎可以成功的解決措施記到筆記本上。

⑷說明真實意圖

當討論的議題獲得了滿意的答案後，主持人把真實的意圖向與會者說明。可以與已提出的設想結合起來研究最佳方案。

思維解決問題的遊戲

10.隨機應變的首相

第二次世界大戰期間，當時的英國首相邱吉爾為了取得美國政府的支持和幫助，就親赴美國去見總統羅斯福。於是。他被安排在白宮住宿。

而第二天早晨，因為有些急事必須立刻找到邱吉爾面談，所以羅斯福就直接來到邱吉爾的住處。不想卻在無意中看到了剛剛從浴室裏走出的邱吉爾的裸體。

當時的羅斯福頓感無比唐突，竟站在那裏不知道該說什麼好。而非常善於隨機應變的邱吉爾，卻只用一句話就化解了這種尷尬的局面。

那麼，你能想到邱吉爾是如何使自己和羅斯福都從這種尷尬的局面中擺脫出來的嗎？

答案見 306 頁

十三、KJ 法

KJ 法(A 型圖解法、親和圖法)是將未知的問題、未曾接觸過的領域的相關事實、意見或設想之類的語言文字資料收集起來，並利用其內在的相互關係作成歸類合併圖，以便從複雜的現象中整理出思路，抓住實質，找出解決問題的途徑的一種方法。

KJ 法所用的工具是 A 型圖解。A 型圖解就是把收集到的某一特定主題的大量事實、意見或語言資料，根據它們相互之間的關係分類綜合的一種方法。

把人們的不同意見、想法和經驗，不加取捨地統統收集起來，並利用這些資料之間的相互關係予以歸類整理，有利於打破現狀，進行創造性思維，從而採取協同行動，求得問題的解決。

1. KJ 法的來源

KJ 法的創始人是東京工人教授、人文學家川喜田二郎，KJ 是他的姓名的英文縮寫。

川喜田二郎在多年的野外考察中總結出一套科學發現的方法，即把乍看上去根本不想收集的大量事實如實地捕捉下來，通過對這些事實進行有機的組合和歸納，發現問題的全貌，建立假說或創立新學說。後來他把這套方法與腦力激盪法相結合，發展成包括提出設想和整理設想兩種功能的方法，這就是 KJ 法。這一方法自 1964 年提出以來，作為一種有效的創造技法很快得以推廣，成為日本企業界最流行的一種方法。KJ 法的主要特點是在比較分類的基礎上從綜合中求創新。在對卡片進行綜合整理時，既可由個人進行，也可以集體討論。

2. KJ 法的運用範圍

KJ 法的應用範圍很廣，常用於以下生產管理活動中：

⑴迅速掌握未知領域的實際情況，找出解決問題的途徑。

⑵對於難以理出頭緒的事情進行歸納整理，提出明確的方針和見解。

⑶通過管理者和員工的一起討論和研究，有效地貫徹和落實企業的方針政策。

⑷成員之間互相啓發，相互瞭解，爲共同的目標有效合作。

在全面品質管理活動中，KJ 法是尋找品質問題的重要工具。具體來講，KJ 法可用在以下幾個方面：

⑴制定推行全面品質管理的方針和目標。

⑵制定發展新產品的方針、目標和計劃。

⑶用於產品市場和用戶的品質調查。

⑷促進品質管理小組活動的開展。

⑸協調各部門的意見，共同推進全面品質管理。

⑹調查協作廠的品質保證活動狀況。

3. KJ 法的實施步驟

⑴準備

主持人和與會者 4～7 人。準備好黑板、粉筆、卡片、大張白紙等。

⑵腦力激盪會議

主持人請與會者提出 30～50 條設想，將設想依次寫到黑板上。

⑶製作卡片

主持人同與會者商量，將提出的設想概括成 2～3 行的短句，寫到卡片上，每人寫一套。這些卡片稱爲「基礎卡片」。

⑷分成小組

讓與會者按自己的思路各自進行卡片分組，把內容在某點上相同的卡片歸集在一起，並加一個適當的標題，用綠色筆寫在一張卡片上，稱為「小組標題卡」。不能歸類的卡片，每張自成一組。

⑸並成中組

將每個人所寫的小組標題卡和自成一組的卡片都放在一起。經與會者共同討論，將內容相似的小組卡片歸在一起，再給一個適當標題，用黃色筆寫在一張卡片上，稱為「中組標題卡」。不能歸類的自成一組。

⑹歸成大組

經討論後把中組標題卡和自成一組的卡片中內容相似的歸納成大組，加一個適當的標題，用紅色筆寫在一張卡片上，稱為「大組標題卡」。

⑺編排卡片

將所有分門別類的卡片，以其隸屬關係，按適當的空間位置貼到事先準備好的大紙上，並用線條把彼此有聯繫的連接起來。如編排後發現不了有何聯繫，可以重新分組和排列，直到找到聯繫為止。

⑻確定方案

將卡片分類後，就能分別暗示出解決問題的方案或顯示出最佳設想。經會上討論或會後專家評判，確定方案或最佳設想。

4. KJ 法的應用流程

原理：結合腦力激盪法、分類法、歸納法。

適用情況：問題複雜，起初情況混淆不清，牽涉部門眾多，檢討中各說各話時特別適用，例如公司營運不善、供產銷不協調、市場佔有率節節敗退等。

優點：解決問題的過程可以促進團隊學習，開闊視野，突破部門藩籬，並獲得整體的觀點；有助於減輕內部矛盾，並將精力集中於解決問題，而不是內部爭執上。

困難：需要較有經驗的主管引導，才能有效地促成坦誠與開放的態度，並在分類與歸納過程中形成合理的答案。

KJ 法的應用流程如下：

⑴**組織團隊**

將問題可能涉及的相關部門人員組織起來，少則 3～5 人，多則數十人。意見特別強烈的人不能被摒除在外；平時很少講話的人，只要工作相關便應邀請參加。

⑵**建立共識**

運用團隊技巧，讓團體成員降低壓力，建立整體共存共榮的一體感，避開針對個人與部門的攻擊，減輕防衛性的心理狀態。研討會不要在公司裏召開，封閉式效果更好；座位的安排不要依照組織位階，圍成圓圈或呈馬蹄形較佳。

⑶**定義挑戰**

清楚提出挑戰，並指出期望的結果。例如：「公司已經投入 3 億元開發高新科技項目，至今尚無成果，我們的目標是找出問題的關鍵，並決定是否繼續投入資金。如果要繼續投入，未來該如何控制本項目，並如何確保成果？」

⑷**展開腦力激盪**

人數如果在 12 人以下，可以集體操作；如果在 12 人以上，最好分成幾個小組，每組 4～8 人，將同部門的人分散在不同的小組，以便能互相交流。此階段主要是將所有問題詳細列出，並將問題寫在貼紙上，每張貼紙只寫一個問題，時間爲 30～90 分鐘。如果問題太多，可以延長時間，但中間需要休息。

⑸彙集問題

腦力激盪結束，集合各小組成員，由各小組輪流上臺發表腦力激盪結果，並將貼紙貼在事先準備好的大海報上。如果有相同點，便將該問題貼在一起，當全部發表完後，所有可能的問題已經全部呈現在大家眼前。一般問題會在數十個左右，特別複雜的情況可能多達幾百個。

⑹分類整理

此時由主持人引導大家將問題分成幾個大類，分類完成後，經過檢查，便形成幾大類的問題了。

⑺排出順序

將每一大類的問題，根據其嚴重性排列順序。如果問題甚多，可以分成 A、B、C 三組，A 組是最重要的，B 組是一般重要的，C 組是次要的。

⑻責任劃分

將各類問題牽涉的部門，以矩陣圖的方式列出，並標示出主要負責部門與參與解決部門。

⑼構思方案

由主要負責部門帶頭，舉辦小型研討會，並提出建議方案，經由決策小組同意後，形成決策，同時交付執行。

⑽效果確認與跟進

根據執行計劃，定期與不定期地檢討成果與進度，並作適當的調整與修正，直到問題解決完畢。

⑾標準化

如果此問題將來還會遇到，必須將此次經驗變成標準化流程，並將相關的資料形成文件，以利未來參考。這樣做不僅能節省時間與成本，更能促成組織的學習能力，這也是未來組織的重要核心能力——知識管理的能力。如果公司有內部網路，應該將此信息公佈於網上，以便將經驗轉化爲全公司的技能。

圖 7-9 KJ 法示例

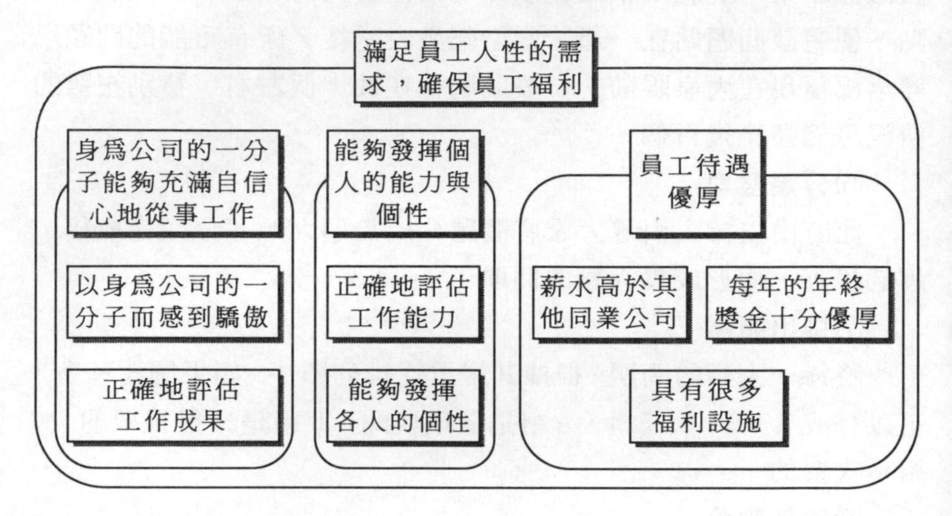

5. **KJ 法具體進行方法**

認真地實踐 KJ 法，本身就會感到：完成一項工作的成就感。至少也會嘗到滿足感，並有向新問題挑戰的勇氣；確實看清混沌，依個性抓住各式各樣的意見，而加以統合的爽快感。這種有人性的達成體驗，會使自己本身有所轉變，這種成長無法從他人教導學來，必須自己透過達成體驗方可得到，如此方能培育出真正的主管。

具體進行方法如下：

⑴設定主題，主題需具體。主題不明確時，進行下列程序縱然能產生許多創意，因爲與主題無關，則難免徒勞無功。

⑵每人就主題將自己的想法或資料以一項一張寫在卡片上，最好簡單明瞭。

⑶寫好的卡片隨便放在桌上，讓與會人員仔細地閱讀。

⑷內容類似的卡片集中在一起，且附加標題。重新閱讀集中在同一類的卡片內容，如發現內容不同，應抽出來改編人其他類。每一類卡片應附加足以表示卡片內容的標題。標題內容不可太抽象僅摘要部份，應利用簡潔短句具體的表達卡片內容。如果遇到某一張卡片無法歸類時，不必勉強歸類，先讓這一張卡片獨立，等到以中規模或大規模方式歸類卡片時，才將這一張獨立卡片適當歸類於某中類或大類。

⑸綜合互相有關的卡片類組，合成中類卡片並附上標題。標題要領則與前項所述小類卡片相同。現在問題在於卡片類組間的關係，所以應先仔細閱讀各卡片類的標題，瞭解卡片類與類之間的關係，以便設定邏輯上最恰當的安排。如果是卡片類間的關係已整理確立，可直接瞭解，之後再加入記號表示相互間有關係，用？記號表對立關係；用→記號表示因果關係，最後組合成卡片類。

⑹將互有關係的中類卡片整理爲大類卡片，並附加標題。標題要領同於前項。經過以上的過程，最初模糊不清的意見或事實，亦可整理成一個互有關係的體系。整理卡片時，應該依照：小類卡片→中類卡片→大類卡片的次序，由下而上進行整理。相反地，有些人也採用相反的方向，但最好避免。

⑺將卡片類間的關係以圖表示。將經第⑹項的作業程序整理好的卡片類之間關係，用標題卡片貼在紙上，或者抄寫在另外一張紙上。

⑻卡片間的關係用文字來說明。將整理過的事實或意見以文字說明。這時，應注意兩點。第一，文字說明不能符合邏輯時，切勿牽強附會，應再一次查看圖示，去除圖示的矛盾。第二，事

實與意見分開寫清楚，如果兩者互相混淆，以上的努力將白費。

十四、關聯圖法

影響品質的因素之間存在著大量的因果關係，這些因果關係有的是縱向關係，有的是橫向關係。縱向關係可以使用因果分析法來加以分析，但因果分析法對橫向因果關係的考慮不夠充分，這時關聯圖就大有用武之地。關聯圖法是根據事物之間橫向因果邏輯關係找出主要問題的最合適的方法。

關聯圖，又稱關係圖，是用來分析事物之間「原因與結果」、「目的與手段」等複雜關係的一種圖表，它能夠幫助人們從事物之間的邏輯關係中，尋找出解決問題的辦法。

事物之間存在著大量的因果關係，例如，因素 A、因素 B、因素 C、因素 D、因素 E 之間存在著一定的因果關係，其中因素 B 受因素 A、因素 C、因素 D 的影響，但它又影響著因素 E，而因素 E 又影響著因素 C……在這種情況下，理清因素之間的因果關係，從全盤加以考慮，就容易找出解決問題的辦法。

關聯圖由圓圈(或方框)和箭頭組成，其中圓圈中是文字說明部份，箭頭由原因指向結果，由手段指向目的。文字說明力求簡短，內容確切、易於理解，重點項目及要解決的問題要用雙線圓圈或雙線方框表示。

圖 7-10　關聯圖

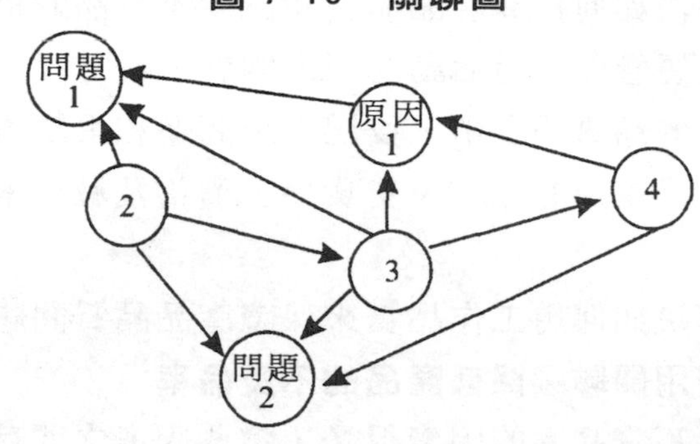

1. 關聯圖的繪製

關聯圖法適用於多因素交織在一起的複雜問題的分析和整理。

它將眾多的影響因素以一種較簡單的圖形來表示，易於抓住主要矛盾、找到核心問題，也有益於集思廣益，迅速解決問題。

關聯圖具體繪製方法如下：

⑴提出認為與問題有關的所有因素。

⑵用靈活的語言簡明扼要地表達它。

⑶把因素之間的因果關係用箭頭符號畫出邏輯上的連接線。

⑷抓住全貌。

⑸找出重點。

關聯圖法的使用非常簡單，它先把存在的問題和因素轉化為短文或語言的形式，再用圓圈或方框將它們圈起來，然後再用箭頭符號表示其因果關係，借此來進行決策、解決問題。

2. 關聯圖的用途

關聯圖法的應用範圍十分廣泛，包括：

⑴推行 TQC 工作從何處入手，怎樣深入。

⑵制定和實施品質保證的方針、目標。

⑶研究解決如何提高產品品質和減少不良品的措施。

⑷促進品質管理小組活動的深入開展。

⑸從大量的品質問題中，找出主要問題和重點項目。

⑹研究滿足用戶的品質、交貨期、價格及減少索賠的要求和措施。

⑺研究解決如何用工作品質來保證產品品質問題。

3.如何使用關聯圖降低產品的不良品率

影響產品不良品率的因素很多，這些因素之間存在著大量的因果關係，可以使用關聯圖法尋找其主要因素，以改善生產過程，降低產品的不良品率。具體步驟如下：

⑴**做編組準備**

召開小組成立會議，將4～5名生產人員組成一個小組，使每個成員都瞭解要解決什麼問題，達到什麼目的，怎樣應用關聯圖法去解決問題，等等。

⑵**共擬草圖**

在做好一定準備工作的基礎上，召開小組會議，充分發揚民主，廣開言路，找出影響產品不良品率各因素之間的邏輯關係，並畫上箭頭，對重點問題要畫在雙線圓圈或方框內。在找邏輯關係時，要多提出一些「爲什麼」，通過互相討論，廣泛議論，共同畫出一份或幾份草圖。會後每個成員都要對會上畫出的草圖進行深入的分析、研究，對不同的草圖提出對比評價，對別人提出的議論要進行深入理解或提出不同的看法，對重點問題要進行現場調查或提供實測數據。在此基礎上組長要進行調查研究，個別交換意見，通過分析後整理出草圖，印發給每一個成員，爲下一次統一認識做好準備。

⑶制定草圖，訂出對策計劃

再次召開小組會議，對草圖提出修改和補充意見。經過共同分析、研究和整理，使全組人員取得共同的意見，提出重點問題的要害，共同畫出正式關聯圖；研究實際數據，作出對策、計劃，會後要採取行動措施。

⑷評價和修訂關聯圖

對關聯圖所採取的措施，可以多次召開小組成員會議，進行評定和估價。同時根據變化了的環境，對關聯圖進行修訂。

在使用關聯圖法時，要注意充分發揚民主，廣開言路，集思廣益，在統一認識的基礎上，畫出關聯圖；關聯圖中使用的語言和文字要簡練，表達要清楚，儘量使用不失原意的文字和語言來表達因素，使關聯圖準確、一目了然；要不怕麻煩，不斷反覆地分析、研究和修改，努力尋找真正的重點問題；要重視評價和修正，及時根據外部情況不斷地修改關聯圖。

4.關聯圖在品質管理中的運用

關聯圖法是指用一系列的箭線來表示影響某一品質問題的各種因素之間的因果關係的連線圖。品質管理中運用關聯圖要達到以下幾個目的：

⑴制訂 TQC 活動計劃。

⑵制訂 QC 小組活動計劃。

⑶制定品質管理方針。

⑷制定生產過程的品質保證措施。

⑸制定全過程品質保證措施。

通常，在繪製關聯圖時，將問題與原因用「□」框起，其中，要達到的目標和重點項目用「○」圈起，箭頭表示因果關係，箭頭指向結果。

思維解決問題的遊戲

11.巧答怪題

從前，有個國王十分喜歡給自己的大臣出各種各樣的難題，而且也視難倒所有人為最大的快樂。一次，他又向大臣們問了這樣的一道題：如果一間屋子裏總共有 10 個健康正常的人，那麼把一根點亮的蠟燭放在什麼地方，才能讓屋子裏的 9 個人都看得見，而 1 個人卻看不見呢？國王的這個問題又一次難倒了所有的大臣，眼看著大家又要受到國王的嘲笑，一個小太監卻突然想到了問題的答案，就偷偷地告訴給了一位老臣。接著，老臣就把這個答案說給了國王，而蒙在鼓裏的國王還高興地獎賞了這位老臣呢。

那麼，你能猜到這個問題的答案嗎？

答案見 306 頁

心得欄 ------------------------------------

十五、決策矩陣法

爲匯總和評估一些變數，以決定行動方向的方法，叫做決策矩陣法。

1. 目的

⑴比較和評估決策的可行方案或主要標準。

⑵揭露不正確、有衝突或不充分的資料。

2. 應用

⑴選擇和排列問題的優先順序。

⑵選擇一個解決方案進行試行。

⑶評估各種試行的狀況。

3. 優點

⑴以邏輯方式組織資料，以加速進行決策。

⑵設計的格式可包括各種標準和各種可行方案的比較。

⑶可以確認資料的無效性。

4. 缺點

使用不適當或不相關的決策標準，而遺漏了主要的標準，同樣能生成較差的決策。

5. 運用方法

⑴尋求小組在此矩陣上所包括的標準的形態和數量上的一致性，以及目前什麼對決策最重要(限制變數的個數)。

⑵考慮衡量標準是否不一定具有同等的價值。

⑶收集更多的資料以填滿矩陣內容。

⑷將資料分爲「硬性」(即數量化資料)和「軟性」(即數質化資料)兩種。

⑸對於數質化的資料，決策者應評估其屬於那一標準（例如高、中、低標準）。研究數質化資料時，應確認小組擁有證據以支持其評估。

⑹注意事項：本方法無法取代好的判斷。矩陣可組合資料以加速建立邏輯選擇，但無法為小組作出實際決策提供幫助。

6. **決策矩陣法實例**

表 7-8　東南亞國家投資環境相對評分表

項目	國別	泰國	馬來西亞	菲律賓	印尼	越南	中國
地理	1.天然資源	2	4	1	5	4	1
	2.交通運輸	4	5	1	2	2	5
政治	3.政局穩定	5	5	1	3	4	4
	4.行政干預	4	5	2	1	1	5
法律	5.投資法規	3	5	2	1	1	5
	6.租稅獎勵	4	3	5	1	3	5
人文	7.配套設施	3	5	2	1	2	5
	8.種族政策	5	3	5	1	5	5
	9.宗教意識	4	3	5	1	3	5
	10.薪資水準	3	1	5	1	4	3
	11.員工教育	3	3	5	1	3	5
	12.勞資關係	5	3	1	4	4	4
經濟	13.匯率變動	5	5	2	1	3	5
	14.國際債信	4	5	1	2	4	5
	15. GSP 優惠	5	3	5	5	4	5
	16.關稅障礙	2	1	3	5	3	5
	17.國民所得	4	5	2	1	3	5
	18.通貨膨脹	4	5	1	1	3	5
總計		69	69	49	41	56	82

說明：5 分表對外人投資活動最有利，1 分表對外人投資活動最不利。

十六、甘特圖

甘特圖，也稱爲條狀圖(Bar chart)，是亨利・甘特在 1917 年開發的。其內在思想簡單，基本是一幅線條圖，橫軸表示時間，縱軸表示活動(項目)，線條表示在整個期間上計劃和實際的活動完成情況。它直觀地表明任務計劃在什麼時候進行，以及實際進展與計劃要求的對比。管理者由此極爲便利地弄清一項任務(項目)還剩下那些工作要做，並可評估工作是提前還是滯後，抑或正常進行。甘特圖是一種理想的控制工具。

1. 甘特圖的含義

⑴以圖形或表格的形式顯示活動。

⑵線條是一種通用的顯示進度的表示方法。

⑶構造時應包括實際日曆天和持續時間，並且不要將週末和節假日算在進度之內。

甘特圖具有簡單、醒目和便於編制等特點，在企業管理工作中被廣泛應用。甘特圖按反映的內容不同，可分爲計劃圖表、負荷圖表、機器閒置圖表、人員閒置圖表和進度表五種形式。

2. 甘特圖表示例

⑴一般甘特圖表

在甘特圖中，橫軸方向表示時間，縱軸方向爲機器設備名稱、操作人員和編號等。圖表內以線條、數字、文字代號等來表示計劃(實際)所需時間、計劃(實際)產量、計劃(實際)開工或完工時間等。

圖 7-11 甘特圖

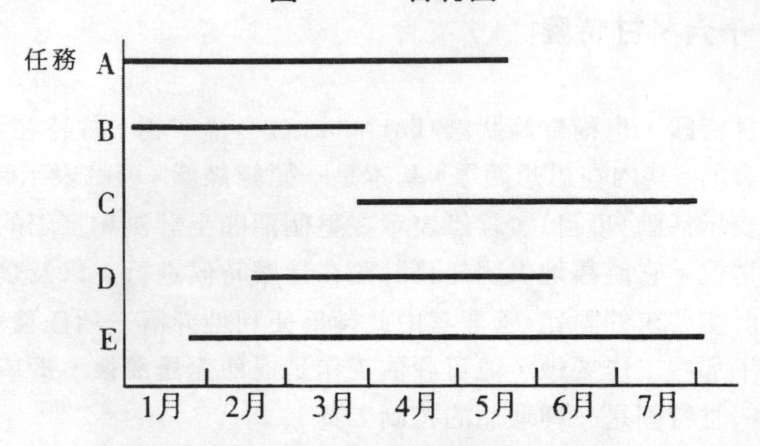

⑵帶有分項目的甘特圖

圖 7-12 帶有分項目的甘特圖

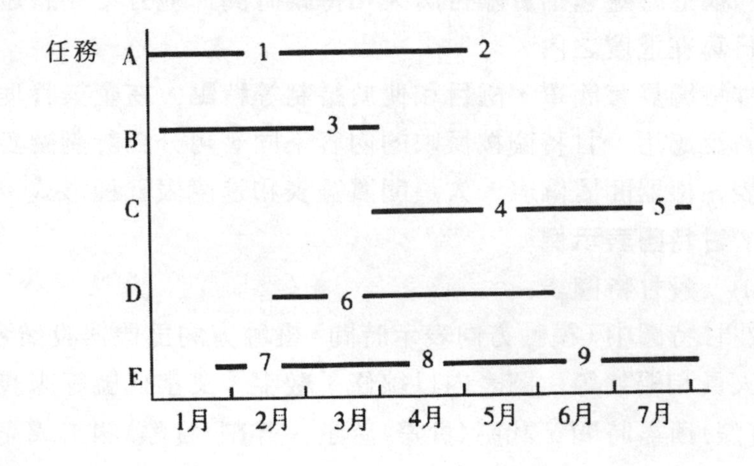

⑶帶有分項目和分項目網路的甘特圖

圖 7-13　帶有分項目和分項目網路的甘特圖

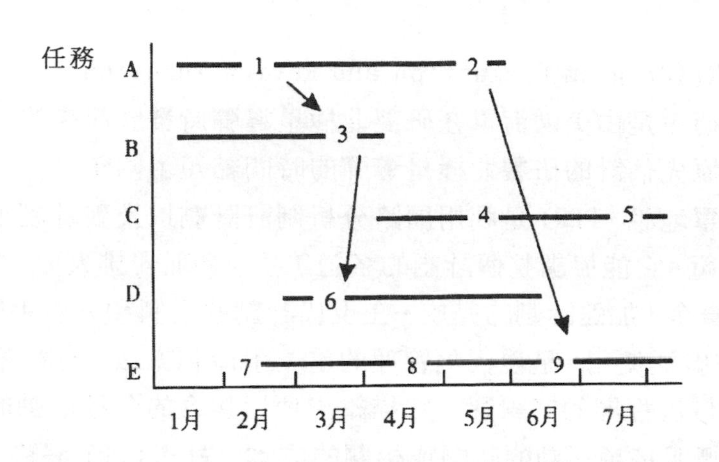

⑷甘特圖的變形——負荷圖

若縱軸不再列出活動，而是列出整個部門或特定的資源，稱爲負荷圖。負荷圖可使管理者對生產能力進行計劃和控制。

圖 7-14　A 出版公司 6 名責任編輯負荷圖

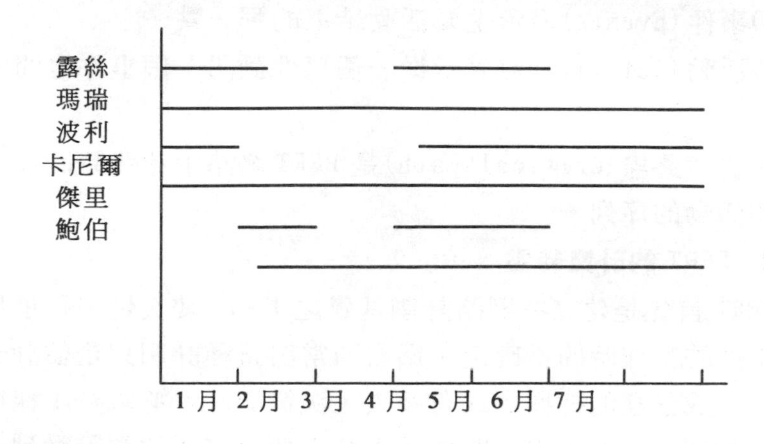

十七、PERT 網路分析法

PERT(Program Evaluation and Review Technique)，即計劃評審技術，是由美國海軍在研製北極星導彈時發展起來的。PERT 技術使原先估計的研製北極星導彈的時間縮短了兩年。

簡單地說，PERT 是利用網路分析制訂計劃以及對計劃予以評價的技術。它能協調整個計劃的各道工序，合理安排人力、物力、時間、資金，加速計劃的完成。在現代計劃的編制和分析手段上，PERT 被廣泛使用，是現代化管理的重要手段和方法。PERT 網路是一種類似流程圖的箭線圖，它描繪出項目包含的各種活動的先後次序，標明每項活動的時間或相關的成本。對於 PERT 網路，項目管理者必須考慮要做那些工作，確定工作之間的依賴關係，辨認出潛在的可能出現問題的環節;借助 PERT 還可以方便地比較不同行動方案在進度和成本方面的效果。

構造 PERT 圖需要明確三個概念：事件、活動和關鍵路線。

⑴事件(Events)表示主要活動結束的那一點。

⑵活動(Activities)表示從一個事件到另一個事件之間的過程。

⑶關鍵路線(Critical Path)是 PERT 網路中花費時間最長的事件和活動的序列。

1. PERT 的計算特點

PERT 首先是建立在網路計劃基礎之上的，其次是工程項目中各個工序的工作時間不確定。過去通常對這種計劃只是估計一個時間，完成任務的把握到底有多大，決策者心中無數，工作處於一種被動狀態。在工程實踐中，由於人們對事物的認識受到客觀條件的制約，所以通常在 PERT 中引入概率計算方法。由於組成網路計劃的各項工作可變因素多，不具備一定的時間去分析統計資料，因而不能確定出一個肯定的、單一的時間值。

在 PERT 中，假設各項工作的持續時間服從 β 分佈，近似地用估計法估算出三個時間值，即最短、最長和最可能持續時間，再加權平均算出一個期望值作爲工作的持續時間。在編制 PERT 網路計劃時，把風險因素引入到 PERT 中，人們不得不考慮在指定的工期下，按 PERT 網路計劃完成工程任務的可能性有多大，即計劃的成功概率和計劃的可靠度，這就必須對工程計劃進行風險估計。

在繪製網路圖時，必須將非肯定型轉化爲肯定型，把對最短、最長和最可能持續時間的估計變爲對單一時間的估計，其計算公式爲：

$$t_i = (a_i + 4c_i + b_i) \div 6$$

式中：

t_i 爲 i 工作的平均持續時間；

a_i 爲 i 工作最短持續時間(亦稱樂觀估計時間)；

b_i 爲 i 工作最長持續時間(亦稱悲觀估計時間)；

c_i 爲 i 工作正常持續時間，可由施工定額估算。

其中，a_i 和 b_i 兩種工作的持續時間一般用統計法進行估算。

「三時」估算法把非肯定型問題轉化爲肯定型問題來計算，用概率論的觀點分析，其偏差仍不可避免，但其趨向有明顯的參考價值，當然，這並不排斥將每個估計都盡可能做到精確的程度。爲了進行時間的偏差分析(即分佈的離散程度)，可用方差估算：

$$\sigma_i^2 = [(b_i - a_i) \div 6]^2$$

式中：σ_i^2 爲 i 工作的方差。

標準差：

$$\sigma_i=\sqrt{(\frac{b_i-a_i}{6})^2}=\frac{b_i-a_i}{6}$$

網路計劃按規定日期完成的概率，可通過下面的公式和查函數表求得：

$$\lambda=(Q-M)\div\sigma$$

式中：

Q 爲網路計劃規定的完工日期或目標時間；

M 爲關鍵線路上各項工作平均持續時間的總和；

σ 爲關鍵線路的標準差；

λ 爲概率係數。

2. PERT 網路分析法的工作步驟

開發一個 PERT 網路，要求管理者確定完成項目所需的所有關鍵活動，按照活動之間的依賴關係排列它們之間的先後次序，估計完成每項活動的時間。這些工作可以歸納爲五個步驟：

⑴確定完成項目必須進行的每一項有意義的活動。

⑵確定活動完成的先後次序。

⑶繪製活動流程從起點到終點的圖形，明確表示出每項活動與其他活動的關係。用圓圈表示事件，用箭線表示活動，結果得到一幅箭線流程圖，我們稱之爲 PERT 網路。

圖 7-15 PERT 網路分析圖

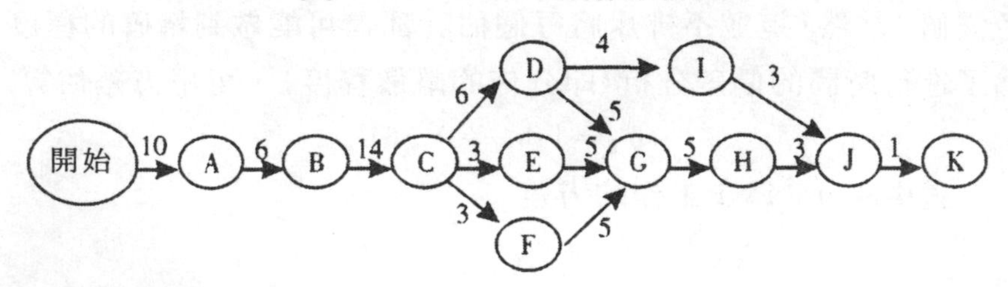

⑷估計和計算每項活動的完成時間。

⑸借助估計活動時間的網路圖，管理者能夠制定出包括每項活動開始和結束日期的全部項目的日程計劃。在關鍵路線上沒有鬆弛時間，關鍵路線上的任何延遲都會直接造成整個項目完成期限的延遲。

3.案例分析

假設你要負責一座辦公樓的施工過程，你必須確定建這座辦公樓需要多長的時間。下表概括了主要事件和你對完成每項活動所需時間的估計。

表 7-9　辦公樓施工主要事件及時間預估表

主要事件	期望時間	必要條件
A.審查設計和批准動工	10	—
B.挖地基	6	A
C.立屋架和砌牆	14	B
D.建造樓板	6	C
E.安裝窗戶	3	C
F.搭屋頂	3	C
G.室內佈線	5	D、E、F
H.安裝電梯	5	G
I.鋪地板和嵌牆板	4	D
J.安裝門和內部裝飾	3	I、H
K.驗收和交接	1	J

完成這棟辦公樓將需要 50 週的時間，這個時間是通過追蹤網路的關鍵路線計算出來的。該網路的關鍵路線為：A→B→C→D→G→H→I→J→K。如果沿此路線的任何事件的完成時間延遲，都將延遲整個項目的完成時間。

思維解決問題的遊戲

12.達爾文巧答問題

英國科學家達爾文經過多年的潛心研究，奠定和創立了生物進化論的基礎。可在當時他的理論是不被接受的，常常有人在各種時間、各種場合刁難他。

一次，達爾文參加了一個宴會，並和一位長相甜美的妙齡小姐交談起來。可這位小姐卻突然問他:「達爾文先生，既然你的理論說人是由猴子變來的，那麼我也是這樣嗎？」

這個問題讓達爾文感到很為難。因為這位小姐在宴會上是眾人關注的重點，如果達爾文堅持她也是由猿進化而來的，那麼勢必就會激起所有人的不滿；如果自己說不是呢？那又違背了自己的理論。在這種情況下，達爾文突然想到了一個兩全其美的答案，既使這位小姐很滿意，又捍衛了自己的學術尊嚴。

那麼，你猜達爾文是怎麼回答小姐的問題的呢？

答案見 306 頁

心得欄 ------------------------------

十八、過程決策程序圖法

過程決策程序圖法(又稱 PDPC 法,Process Decision Program Chart),是在制訂計劃階段或進行系統設計時,事先預測可能發生的障礙(不理想事態或結果),從而設計出一系列對策措施,以最大的可能引向最終目標(達到理想結果)。該法可用於防止重大事故的發生,因此也稱之為重大事故預測圖法。

由於一些突發性的原因,可能會導致工作出現障礙和停頓,對此需要用過程決策程序圖法進行解決。

1.過程決策圖法的優點

過程決策圖法具有很多優點,具體來說主要有以下四點:

⑴能從整體上掌握系統的動態並依此判斷全局。

據說象棋大師可以一個人同時和 20 個人下象棋,20 個人可能還下不過他一個人。這就在於象棋大師胸有成竹,因此即使面對 20 個對手,也能有條不紊地處理好棋局並戰勝對手。

⑵具有動態管理的特點。

PDPC 法具有動態管理的特徵,它是在運動的,而不像系統圖是靜止的。

⑶具有可追蹤性。

PDPC 法很靈活,它既可以從出發點追蹤到最後的結果,也可以從最後的結果追蹤中間發生的原因。

⑷能預測那些通常很少發生的重大事故,並在設計階段預先考慮應付事故的措施。

換句話說,掌握了這些思考方法以後,所有的人都可以成為一個諸葛亮,做到運籌帷幄,料事如神。

2. **PDPC 法的分類**

PDPC 法可分爲兩種，一種是順向思維法，另一種是逆向思維法。

⑴**順向思維法**

順向思維法是定好一個理想的目標，然後按順序考慮實現目標的手段和方法。這個目標可以是任何東西，比如大的工程、一項具體的革新、一個技術改造方案等。爲了能夠穩步達到目標，需要設想很多條路線。

圖 7-16 順向進行的 PDPC 法示意圖

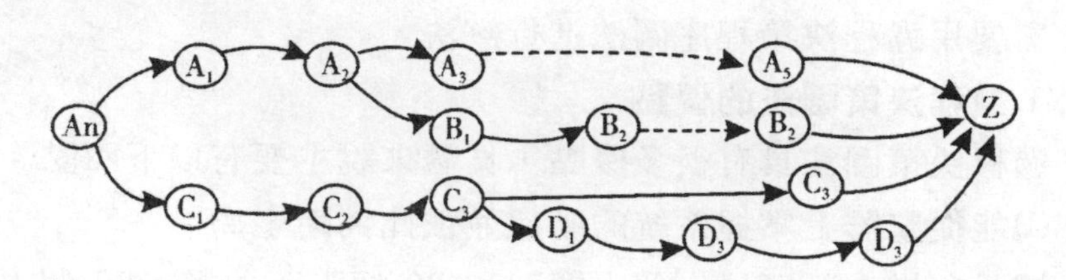

總而言之，無論怎樣走，一定要走到目的地。但行走中可能遇到的問題，並不需要真正遇到以後才去解決，而應該事先就已經討論過了。所有的問題應該預先都想到了，這樣的話，在計劃的實施過程中，就不會害怕突發性的事故了。

⑵**逆向思維法**

當 Z 爲理想狀態(或非理想狀態)時，從 Z 出發，逆向而上，在大量的觀點中展開構思，使其和初始狀態 A_0 連接起來，詳細研究其過程，從而作出決策，這就是逆向思維法。

圖 7-17 逆向進行的 PDPC 法示意圖

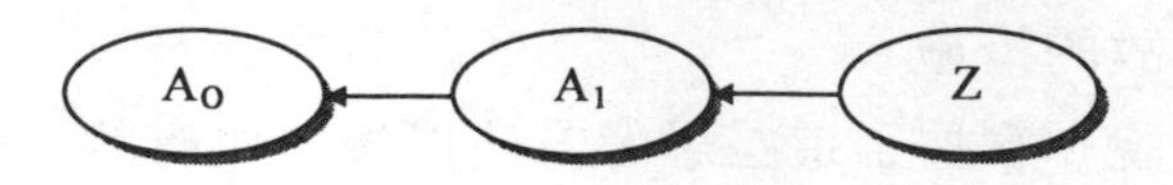

逆向思維應該考慮從理想狀態開始，考慮實現這個目標的前提是什麼，爲了滿足這個前提又應該具備什麼條件。一步一步退回來，一直退到出發點。

通過正反兩個方面的連接，倒著走得通，順著也可以走得通，這就是 PDPC 法正確的思考方式。

3. PDPC 法的運用及實例

PDPC 法有五大方面的用處，它們分別是：

⑴制訂爲實現目標應採取的實施計劃，並在實施過程中解決各種困難和問題。

⑵制訂科研項目的實施計劃。

⑶對整個系統的重大事故進行預測。

⑷制定工序控制的一些措施。

⑸選擇處理糾紛的各種方案。

實際上 PDPC 法在那裏都可以應用，遠遠不止這五個。有成功就有失敗，如果能把可能失敗的因素提前找出來，制定出一系列的對策措施，就能夠穩步地、輕鬆地到達目的地。

任何一件事情的調整都是不容易的，整個生產系統就像一張巨大的網，要動一個地方跟著就要動一片。

所以說，PDPC 法是一個系統思考問題的方法，而生產、生活的複雜性，也要求人們在辦事情、做計劃、幹事業的時候要深思熟慮，不能馬虎大意、隨隨便便，否則的話就會一招不慎，滿盤皆輸。這也是「成於思，毀於隨」的真正意義所在。

下面以去紐約旅遊爲例作 PDPC 圖(見圖 7-18)。

圖 7-18　紐約旅遊 PDPC 圖

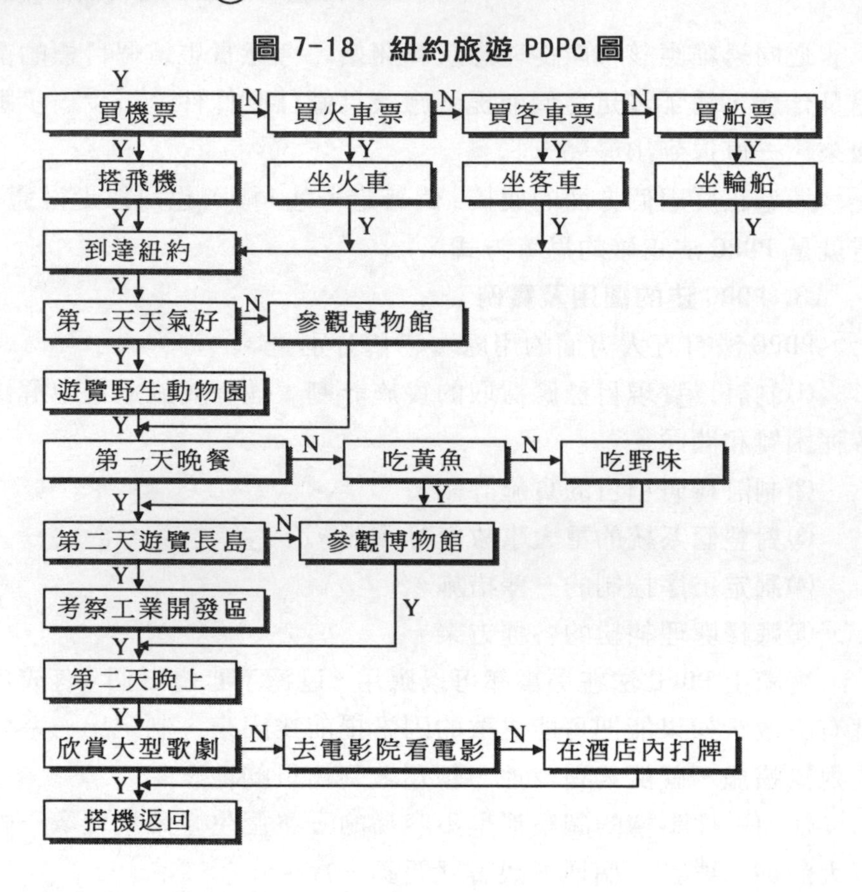

十九、防呆法

在我們的日常生活中，有時匆忙起床趕著上學或上班時，才發覺忘了帶鑰匙、鈔票、證件等，這種忘記帶東西的事，大家多少都經歷過。爲了防止再次發生，有些人養成了一個良好的生活習慣，就是每晚睡前，將東西集中預放在床邊或事先預放在隔天要穿的衣服或公事袋內，第二天早上起來只要順手一拿或穿上衣服後，東西絕不會忘了帶。這種做法也是防呆法(Fool Proof)觀念的延伸使用。

防呆法簡單地說就是如何去防止錯誤發生的方法。通常人性的弱點總是在怪罪，而很少動腦筋想想如何去設計一些方法來避免錯誤的發生。

防呆法，其意義就是防止呆笨的人做錯事，即連愚笨的人也不會做錯事的設計方法，故又稱爲愚巧法。日本的品質管理專家、著名的豐田生產體系創建人新江滋生(Shingeo Shingo)根據其長期從事現場品質改進的豐富經驗，首創了「防呆」的概念，並將其發展成爲獲得零缺陷，最終免除品質檢驗的工具。

狹義的防呆法是指如何設計一個東西，使錯誤絕不會發生。廣義的防呆法是指如何設計一個東西，而使錯誤發生的機會減至最低的程度。

具體地說，防呆法是指：

⑴具有即使有人爲疏忽也不會發生錯誤的構造——不需要注意力。

⑵具有外行人來做也不會錯的構造——不需要經驗與直覺。

⑶具有不管是誰或在何時工作都不會出差錯的構造——不需要專門知識與高度的技能。

防呆法具備如下特性：

⑴積極：使任何的錯誤絕不會發生。

⑵消極：使錯誤發生的機會減至最低程度。

1.防呆法的應用範圍

無論是機械操作、產品使用，還是文書處理上都可以應用。

2.防呆法的基本原則

在進行防呆法時，有以下四項原則可供參考：

⑴使作業的動作輕鬆

難以觀察、難拿、難動等作業會使人變得易疲勞而發生失誤，於是人們將物品區分顏色或放大標誌使得容易看，或加上把手使得容易拿，或使用搬運器具使動作輕鬆。

⑵使作業不要技能與直覺

需要高度技能與直覺的作業，容易發生失誤。將治具及工具實行機械化，使新進人員也能做出不錯的成績。

⑶使作業不會有危險

因不安全或不安定而會給人或產品帶來危險時，加以改善使之不會有危險。另外，馬虎行之或勉強行之而發生危險時，設法裝設無法馬虎或無法勉強的裝置。

⑷使作業不依賴感官

依賴眼睛、耳朵、觸覺等感官進行作業時，容易發生差錯。製作治具，使之機械化，減少用人的感官來判斷作業的次數，便可減少差錯。

3.防呆法的進行步驟

防呆法的基本步驟如下：

⑴發現人為疏忽

①發生人爲疏忽後，收集數據進行調查，重估自己的工作，找出疏忽所在。

②平常即搜集如異材混入、表示失誤、數量不足、零件遺忘、記入錯誤等的數據，加以整理後即可發現問題點。

③調查抱怨情況、工程檢查結果、產品檢查結果等數據，掌握發生了何種問題。

⑵設定目標，制定實施計劃書

目標盡可能以數字表示。計劃書則要明示「什麼時候由誰如何進行」。

⑶**調查人為疏忽的原因**

盡可能廣泛地收集情報和數據，設法找出真正的原因。

⑷**提出防錯法的改善方案**

若掌握了原因，提出創意將其消除。提出創意的技法有腦力激盪法、檢核表法、5W2H 法、KJ 法等。

⑸**實施改善**

按預定的時間，由責任人員依照提出的改善方案實施改善。

⑹**確認活動成果**

活動後必須查核能否按照目標獲得成果。

⑺**維持管制狀態**

防呆法是任何人都能使作業不出差錯的一種方法。不斷地注意改善狀況，發生新問題時要能馬上處理，貫徹日常的管理規定乃是非常重要的事情。

4.防呆法的基本原理

⑴排除：剔除會造成錯誤的要因。

⑵替代：利用更確實的方法來代替。

⑶容易：使作業變得更容易、更合適、更獨特。

⑷異常檢出：雖然已經有不良或錯誤現象，但在下一制程中，能將之檢出，以減少或剔除其危害性。

⑸緩和影響：作業失敗的影響在其波及的過程中，用方法使其緩和或吸收。

5.防呆法的應用原理

⑴**斷根原理**

將會造成錯誤的原因從根本上排除掉，使其不再發生錯誤。例如：錄音帶上若錄有重要的資料，想永久保存時，可將側面的一小塊塑膠片剝下，便能防止再錄音。

⑵**保險原理**

「共同」動作必須同時執行才能完成。

例如：開銀行保險箱時，須以顧客的鑰匙與銀行的鑰匙同時插入鑰匙孔，才能將保險箱打開。

⑶**自動原理**

以各種光學、電學、力學、機構學、化學等原理來限制某些動作的執行或不執行，以避免錯誤發生。目前這些自動開關非常普遍，也是非常簡易的「自動化」原理的應用。

①以「浮力」的方式來控制。

例如：抽水馬桶的水箱內設有浮球，水升至某一高度時，浮球推動拉杆，切斷水源。

②以「重量」控制的方式來完成。

例如：電梯超載時，門關不上，電梯不能上下，警告鐘也鳴響。

③以「光線」控制的方式來完成。

例如：自動照相機，光線若不足，則快門按不下去。

④以「時間」控制的方式來完成。

例如：洗手間內的烘手機，按一次只有一分鐘，時間一到自動停止。

⑤以「方向」控制的方式來完成。

例如：超級市場內進口及出口的單向柵欄，只能進不能出，或只能出不能進。

⑥以「電流」用量的方式來完成。

例如：家庭的電源開關皆裝置保險絲，用電過量時，保險絲就會熔斷，造成斷電。

⑦以「溫度」控制的方式來完成。

例如：家庭內冷氣機的溫度控制，冷度夠時，自動停止；溫度上升時，自動開啓。

⑧以「壓力」控制的方式來完成。

例如：高壓鍋內壓力過大時，則「液壓閥」開啓，使鍋內的壓力外洩，以免造成爆炸。

⑷**相符原理**

借用檢核是否相符合的動作來防止錯誤的發生。

①依「形狀」的不同來完成。

例如：個人電腦與監視器或印表機之間的連接線設計成不同的形狀，使其能正確連接起來。

②依「數學公式」的檢核方式來完成。

例如：「100029608」這一組數字中，最後一字爲檢查號「8」。將「10002960」的每一位數字加起來爲18(1＋0＋0＋0＋2＋9＋6＋0＝18)，取個位數「8」作爲檢查號碼。

假如有人將此數字錯寫爲「100029508」，則「1＋0＋0＋0＋2＋9＋5＝17」，個位數爲「7」，與原先的檢查號碼「8」不符合，所以顯然「100029508」這一組數字不對。這種應用方法在電腦中經常見到。

③以「發音」方式來檢核。

④以「數量」方式來檢核。例如：動手術前後必須點核手術刀、止血鉗等數量是否相符，以免有工具遺留在人體內，忘了拿出來。

⑸**順序原理**

避免工作的順序或流程前後倒置，可依編號順序排列，以減少或避免錯誤的發生。

①以「編號」方式來完成。

例如：流程單上所記載的工作順序，依數字的順序編列下去。

②以「斜線」方式來完成。

例如：許多檔案集中在資料櫃內，每次拿出來看完之後，再放回去時，放錯了地方，可用斜線標誌的方式來改善這個問題。

⑹**隔離原理**

將某一地區分隔成不同的區域，使某一區域避免遭受危險或破壞。

例如：家庭中危險的物品放入專門櫃子中加鎖或置於高處，預防無知的小孩取用而造成危險。

⑺**複製原理**

同一件工作如需做兩次以上，最好採用「複製」的方式來完成，省時又不會發生錯誤。

①以「複寫」方式來完成。

例如：最常見到的例子就是「統一發票」的複寫。

②以「拓印」方式來完成。

例如：信用卡上的號碼都是浮凸起來的，購物時只需將信用卡放在刷卡機上，底下放上非碳複寫紙，將滾軸碾過即可將號碼拓印在紙上，又快又不會發生錯誤。

③以「複誦」方式來完成。

例如：軍隊作戰時，上級長官下達命令之後，必須由屬下人員將命令複誦一次，以確保大家完全明瞭命令的內容。

⑻**層別原理**

爲避免將不同的工作弄錯，利用層級設法將這些工作加以區別。

①以線條的粗細或形狀加以區別。

例如：在填寫個人所得稅申報單時，事先將申報人必須填寫的數據範圍記載在粗線框內。

②以不同的顏色來代表不同的意義或工作的內容。

例如：公文卷宗中紅色代表緊急文件，白色代表正常文件，黃色代表機密文件。

⑼警告原理

如有不正常的現象發生，能以聲光或其他方式顯示出各種「警告」的信號，以避免錯誤的發生。

例如：車子速度過高或沒繫好安全帶時，警告燈就亮了。

⑽緩和原理

借助各種方法來減少錯誤發生後所造成的損害，雖然不能完全排除錯誤的發生，但是可以降低其損害的程度。

例如：雞蛋的隔層裝運盒可以減少搬運途中的損傷；加保利龍或紙板以減少產品在搬運中的碰傷。

思維解決問題的遊戲

13.門的故事

從前，有位高官的妻子生了個男孩。可算命先生說這孩子克父，還說當這孩兒長得跟門一樣高時，就是他父親去世之時。算命先生的話使得父親很擔心。於是他把孩子送到了外地寺廟裏寄養，也不想再與其相見。幾年後，孩子想回家了，可眼看自己長得快要和門一樣高了，迷信的父親又怎會允許他出現在家裏呢?

一位長老想了一個妙計，終於使一家人得以團聚。那麼，你能猜到長老想到的是一個怎樣的方法嗎?

答案見 307 頁

二十、矩陣圖

矩陣圖法就是從多維問題的事件中，找出成對的因素，排列成矩陣圖，然後根據矩陣圖來分析問題，確定關鍵點的方法，它是一種通過多因素綜合思考、探索問題的好方法。

在複雜的品質問題中，往往存在許多成對的品質因素，將這些成對因素找出來，分別排列成行和列，交點就是其相互關聯的程度；在此基礎上再找出存在的問題及問題的形態，從而找到解決問題的思路。

矩陣圖的形式如圖 7-19 所示，A 爲某一個因素群，a_1、a_2、a_3、a_4…是屬於 A 這個因素群的具體因素，將它們排列成行；B 爲另一個因素群，b_1、b_2、b_3、b_4…爲屬於 B 這個因素群的具體因素，將它們排列成列；行和列的交點表示 A 和 B 各因素之間的關係，按照交點上行和列因素是否相關聯及其關聯程度的大小，可以探索問題的所在和問題的形態，也可以從中得到解決問題的啓示等。

圖 7-19　矩陣圖的示意圖（L 形）

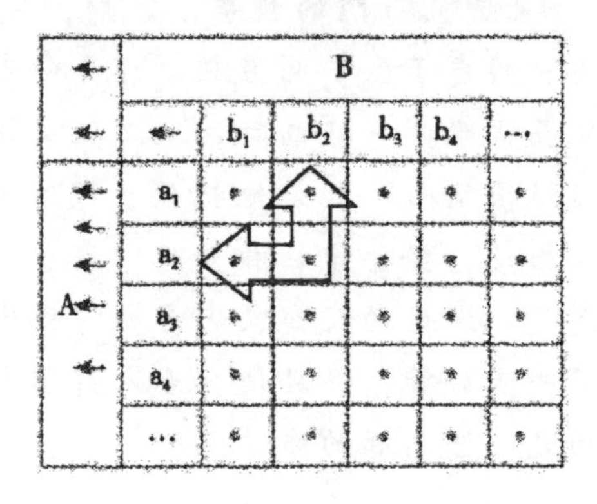

1. 特點

品質管理中所使用的矩陣圖，其成對因素往往是要著重分析品質問題的兩個側面。如生產過程中出現了不合格品時，需要著重分析不合格的現象和不合格的原因之間的關係，爲此，應把所有缺陷形式和造成這些缺陷的原因都羅列出來，逐一分析具體現象與具體原因之間的關係。這些具體現象和具體原因分別構成矩陣圖中的行元素和列元素。

矩陣圖的最大優點在於，尋找對應元素的交點很方便，而且不會遺漏，顯示對應元素的關係也很清楚。矩陣圖法還具有以下幾個特點：

⑴可用於分析成對的影響因素。

⑵因素之間的關係清晰明瞭，便於確定重點。

⑶便於與系統圖結合使用。

2. 用途

矩陣圖法的用途十分廣泛，在品質管理中，常用矩陣圖法解決以下問題：

⑴把系列產品的硬體功能和軟體功能相對應，並從中找出研製新產品或改進老產品的切入點。

⑵明確應保證的產品品質特性及其與管理機構或保證部門的關係，使品質保證體系更可靠。

⑶明確產品的品質特性與試驗測定項目、試驗測定儀器之間的關係，力求強化品質評價體系或使之提高效率。

⑷當生產工序中存在多種不良現象，且它們具有若干個共同的原因時，希望弄清這些不良現象及其產生原因的相互關係，進而把這些不良現象一舉消除。

⑸在進行多變數分析，研究從何處入手以及以什麼方式收集

數據時。

3.類型

矩陣圖法在應用上的一個重要特徵，就是把應該分析的對象表示在適當的矩陣圖上。因此，可以把若干種矩陣圖進行分類，表示出它們的形狀，按對象選擇並靈活運用適當的矩陣圖形。常見的矩陣圖有以下幾種：

⑴ L形矩陣圖。是把一對現象用矩陣的行和列排列的二元表的形式來表達的一種矩陣圖，它適用於若干目的與手段的對應關係，或若干結果和原因之間的關係。

⑵ T形矩陣圖。是A、B兩因素的L形矩陣圖和A、C兩因素的L形矩陣圖的組合矩陣圖，這種矩陣圖可以用於分析品質問題中「不良現象—原因—工序」之間的關係，也可以用於分析探索材料新用途的「材料成分—特性—用途」之間的關係等。

⑶ Y形矩陣圖。是把A因素與B因素、B因素與C因素、C因素與A因素三個L形矩陣圖組合在一起而形成的矩陣圖。

⑷ X形矩陣圖。是把A因素與B因素、B因素與C因素、C因素與D因素、D因素與A因素四個L形矩陣圖組合而形成的矩陣圖，這種矩陣圖表示A和B、D，B和A、C，C和B、D，D和A、C這四對因素之間的相互關係，如「管理機能—管理項目—輸入信息—輸出信息」就屬於這種類型。

⑸ C型矩陣圖。是以A、B、C三因素爲邊作出的六面體，其特徵是以A、B、C三因素所確定的三維空間上的點爲著眼點。

4.製作步驟及實例

製作矩陣圖一般要遵循以下幾個步驟：

⑴列出品質因素。

⑵把成對因素排列成行和列，表示其對應關係。

圖 7-20　確定教育訓練需求的 T 形矩陣圖

	項目	領導統御	語文能力	溝通協調	組織規劃	工業安全	創造力	成本觀念	判斷能力	人性管理	電腦化	應變能力	解決問題	品質改善	工作改善
工作要求條件	塑造明朗而安全的工作環境					◎				◎	○				△
	部屬培育與教導	○	△		○			○		◎			△	○	○
	新產品、新方法、新管理的開發		◎				◎	◎			◎	○	◎	○	◎
	做好方針管理、日常管理	◎	○	○		△			△	◎	○	○	○	○	○
	承上啓下解決問題	◎	○	◎	○	○			◎	○		◎	◎	○	◎
	本單位工作品質保證	○	△	○	○		○	○	○	○		◎	◎	◎	◎
	應有知識與技能	領導統御	語文能力	溝通協調	組織規劃	工業安全	創造力	成本觀念	判斷能力	人性管理	電腦化	應變能力	解決問題	品質改善	工作改善
教育訓練課程名稱	QC 手法應用			△			△		◎		○	○	◎	◎	○
	TQM 講座			○	◎			△	○				△	◎	○
	整理整頓				△	○				◎				△	○
	MTP 訓練	◎		◎	◎	○	○		○	○		○			○
	工業安全衛生					◎				△		○	△		○
	有效溝通與人際關係	○		◎					○	○		○	○	△	△
	工廠改善技術					△	○	◎	△	△		△	○	○	◎
	項目管理			△	◎								◎	○	○
	提案制度推行與管理							◎					◎	○	○
	電腦應用							○			◎				△
	會議管理			△						△		△	◎		△
	方針管理與日常管理實施方法				◎								◎	○	○
	QC 活動推行與管理方法	○		○	◎								○		
	系統化解決問題技能訓練											△	◎	◎	◎
	業務流程管理			△	◎					△			○		△
	公司展望與企業文化	◎		◎						△			◎	○	○
	英日文會話		◎	○							△		○		
	日本戴明獎企業考察					◎								◎	○

⑶選擇合適的矩陣圖類型。

⑷成對因素的交點處表示其關聯程度，一般憑經驗進行定性判斷，可分爲三種──關係密切、關係較密切、關係一般（或可能有關係），並用不同符號表示。

⑸根據關聯程度確定必須控制的重點因素。

⑹針對重點因素作出對策表。

上面就是以「確定教育訓練需求的 T 形矩陣圖」爲例進行說明的。

心得欄 --

問題的解決階段

一、問題的發掘

圖 8-1　問題的發掘

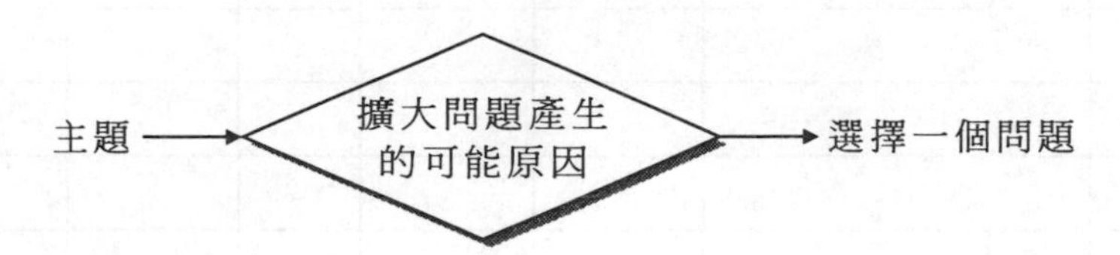

1. 問題檢討

現象發生後，首先討論「現在發生什麼事」，以評估及澄清現況是否真正影響到效率或是品質，討論以後是否會再度發生。例如一台電腦剛買回來不久就接連死機，這可能是因爲接收檢驗不良，公司品質控制不當造成的，也可能是由於人員操作不當而導致的，但無論如何造成了效率急速降低，工程進度嚴重落後，故這是一個問題。但若是一位老人 80 歲在睡眠中安然地死去，這就不是個問題，也沒有什麼值得研究檢討之處了。

當確定問題以後，就要評估此問題是否可以解決。問題的形態是依據對問題是否具有控制權所決定的。

⑴對解決問題有控制權──解決問題有足夠的資料、專家、資源及權力。

⑵對問題的解決具有影響力──並無絕對控制權去解決問題，但對決策有某種程度的影響。

⑶兩者皆無──既無控制權也無影響力，因此必須小心謹慎地去承受問題，或是只有等到能控制時再解決了。

表 8-1　問題評估表

問題	達到目標效益性	掌握度	困難性	成本	急迫性	合計	順序

2. 問題發掘

問題可分爲單一狀況與複雜狀況兩種。

⑴**單一狀況**

在問題發生的狀況十分單純的情形下，就可直接按確認的步驟去尋找原因和改善對策。

⑵複雜狀況

發掘問題的基礎是因果思索模式，發掘問題的技術是保留可以支持事實的推論，而捨去不能支援的推論。此種方式將使參與的成員運用所有的經驗與判斷能力，以系統和客觀的方法發掘問題。大部份的問題均極為複雜，單憑個人的力量不可能發現、評估、證實並解釋所有的資料，必須運用團隊的力量，將所有資料以一共同的格式加以整合運用，以此尋找真正的原因。

3.問題確認與決定

⑴問題確認

「問題確認」是接下來的一項重要步驟。用關聯圖方式將所列舉出的各問題之間的因果關係進行確認，並以計分方式判斷出治標與治本的方法，也即處理的優先順序。在此過程中，可依照事實的需要，給予重要的問題更多的權重。

⑵問題決定

確定治標與治本的問題之後，必須確定所找出的問題是否可以在自己的能力範圍之內解決，若本身能力不能解決，就必須回到「問題發掘」階段重新開始。若在自己能力範圍內，也必須確定所找出的問題可以解決到什麼程度(階段)。

二、問題的定義

圖 8-2　問題的定義

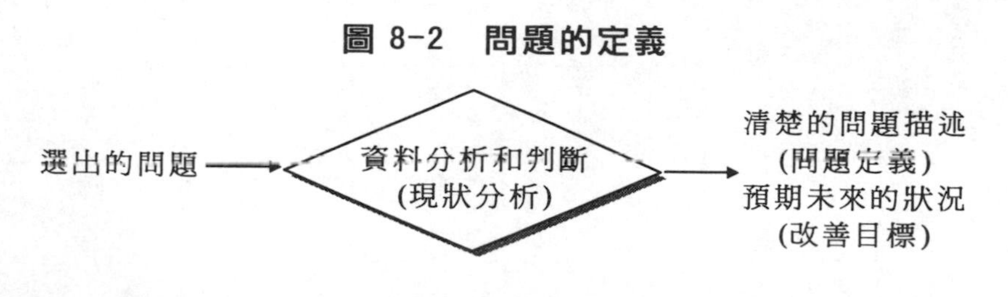

在解決問題的過程中，定義所遭遇的問題是最重要的步驟之一，此步驟可幫助管理人員對症下藥。但有許多管理人員往往忽略了此步驟，例如「影印機壞了」是一個常發生的問題，但如果改為「影印機會弄髒印出來的紙張」，則問題的定義就明確多了。

・問題何時發生？

・問題發生於何事？

・如以金錢、損失的訂單、時間等來換算，問題所耗費的成本有多少？

明確地陳述問題可指引解決過程進入正確的方向；反之，則會誤入歧途，以後的步驟也將徒勞無功。不明確的問題陳述往往會使解決方法變成問題。例如，「缺乏檔案管理員」與「檔案已積壓 8 週了」是一個問題的兩種陳述方式。

有時候，會利用對問題的陳述來表達所希望達成的結果，或是相反的意見。

收集每種狀況的資料能幫助管理者找出問題所在，及時擬訂出一個明確的問題陳述方法。在陳述問題時應避免下列事項：

⑴系統地陳述疑問點，而疑問點其實並不是問題所在。

⑵在陳述的句子中使用「缺乏」的字眼，這樣雖然可以將解決方法陳述出來，但未能描述問題發生的狀況。

⑶將問題歸諸於某個人或暗示某種動機，沒有描述環境、狀況或行為。

表 8-2　明確與不明確的問題點陳述

明確的問題陳述	不明確的問題陳述
客觀的	主觀的
明確的	一般性的
正確而簡潔	不明確或模糊不清
描述不可接受的狀況	想指出解決方法，但將希望和問題混淆

使用 4W2H 法來定義問題(4W 爲 What，When，Where，Who；2H 爲 How 及 How much)，並且明確簡潔、客觀地陳述問題，以問題在什麼狀況下發生爲導向。

「問題定義」是將問題的特性用「4W2H」格式表示出來。

表 8-3　4W2H 格式

What	什麼事情
When	何時發生
Who	與誰有關
Where	在何處發生
How	如何發生的
How much	發生的次數和數量

三、問題的檢討

圖 8-3　問題的檢討

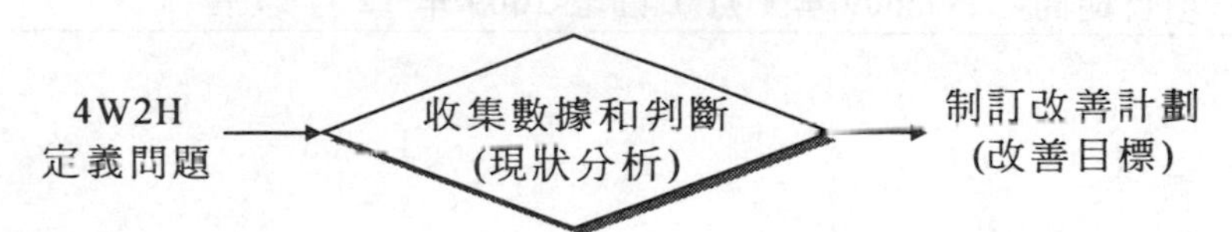

問題檢討階段主要是收集數據並對現狀進行分析。

現象發生後，首先討論「現在發生什麼事情」(What)，以評估及澄清現況，而且要追問：爲什麼這是一個問題？是否真正影響效率或品質？解決以後是否會再度發生？

其次是收集數據並制定改善目標。

表 8-4　降低應收賬款金額改善計劃實例

項目名稱	降低應收賬款金額
問題定義	What(什麼現象)——超過 90 天以上應收賬款太高 Who(對象)——經銷商的應收賬款 When(時間、頻率)——2007～2008 年 Where(地方、部門)——臺北市場部 How many(程度)——8000 萬元
問題再描述	2007-2008 年臺北市場部經銷商超過 90 天以上的應收賬款高達 8000 萬元
緊急處理措施	將超過 90 天以上的應收賬款列出並向總經理報告，要求營業部及銷售單位主管查明原因，並立即採取應急措施。有超過 90 天以上應收賬款的經銷商禁止再出貨，對於第一次交易的經銷商嚴格執行款到發貨政策
現狀分析數據收集	收集各經銷商數據，收集上一年同期數據
項目改善目標	六個月內超過 90 天以上的應收賬款金額應控制在營業額 0.5%以內(500 萬元)
項目成員	A、B、C
項目期間	2009 年 1 月 1 日至 2009 年 12 月 31 日

思維解決問題的遊戲

14.死裏逃生的農夫

某個國王，曾經利用抽籤的形式對死囚做出最後的判決，如果死囚抽到了寫有「死」字的簽，那麼他就只能被處死，如果死囚抽到了寫有「生」字的簽，那麼他就可以得到赦免。

一次，有個農夫在仇人的陷害下被官府判了死罪。仇人為了不讓他得到赦免，就偷偷地把那個寫著「生」字的簽也換成了寫有「死」的簽。這樣，當他最後抽籤的時候，就無論怎樣都難逃死罪了。可仇人的這種做法卻被一位獄卒發現了，於是他就趁別人不注意的時候把這件事情告訴給了農夫。

農夫雖然也很憤怒，但一切為時已晚。就在這十萬火急的時候，農夫卻猛地想起了一個辦法。於是，當最後抽籤開始的時候，農夫竟然用這個辦法拯救了自己。

那麼，農夫到底是如何使自己起死回生的呢？

答案見 307 頁

心得欄

四、原因分析

圖 8-4　原因分析

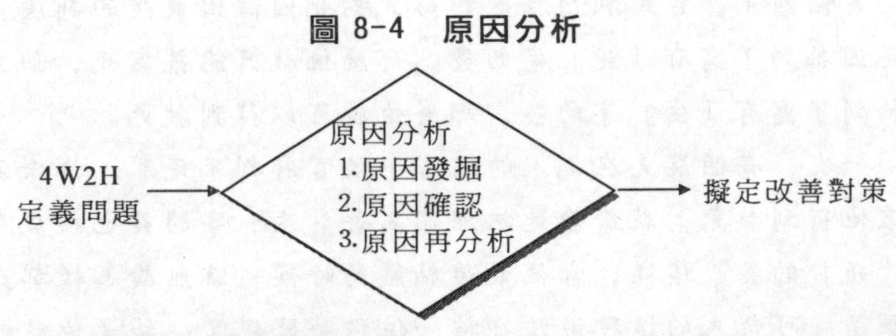

1. 原因分析總體思想

簡單的問題且不必追究其發生的原因者，可跳過此步驟，直接進入決策分析的程序。但若是複雜的問題，則可以採取下列方式分析原因：

⑴於經營上發生的問題或數據性的問題，可採用特性要因圖、查檢表、柏拉圖等問題分析的程序或方法找到原因。

⑵對於偶然發生或非數據性的問題可採用特性要因圖或系統圖，詢問 3～5 個「爲什麼」，以找到原因。在對問題作原因分析時，常會用到層別法、特性要因圖、柏拉圖、系統圖等手法。

2. 原因發掘

現象發生後，遵循活用原則，要尊重他人意見，要服從多數、尊重少數，要鼓勵發言，增加參與感，以此方法來討論「現在發生了什麼事情」，以評估及澄清現狀；而且要追問「爲什麼」，是否會真正影響生產效率或者產品品質。

3. 原因確認

⑴找出真因

要用「三現」(現場、現物、現事)原則或檢查表方式，列舉出各種原因，並確定所找出的原因是否可以解決；如果不能解決，就必須回到「原因發掘」階段重新開始。如果在自己能力範圍內，也必須確定所確認的問題可以解決到什麼程度（或階段）並計分，判斷出處理的優先順序。在計分過程中，可依照事實的需要，給予重要的問題較高的權重。

⑵找出根源（或發生源）

明確界定那裏是發生源（或根源），查證原有控制點是否被改變，或根本無控制點，並進行管制系統的檢討與改進。

4.原因分析的方法

⑴層別法

找出群體間的相同點與相異點，並以此確定努力的方向。

例如，在一群同學之中要研究學習成績的差異，可用的層別如表 8-5 所示。

表 8-5　層別法示例

性別	種族
身高	血型
體重	家庭背景
籍貫	

⑵特性要因圖

特性要因圖是當一個問題的特性受到一些要因的影響時，我們將這些要因加以整理，使之成為有相互關係且有條理的圖形。特性要因圖是分析整個過程，以確認、區別及定義問題根本原因的方法。因其採用分支方式表示，故又名「魚骨圖法」。

特性要因圖的過程是：

①整理問題，並探索原因。

②追查真正的原因。

③尋找對策。

圖 8-5 特性要因圖示例

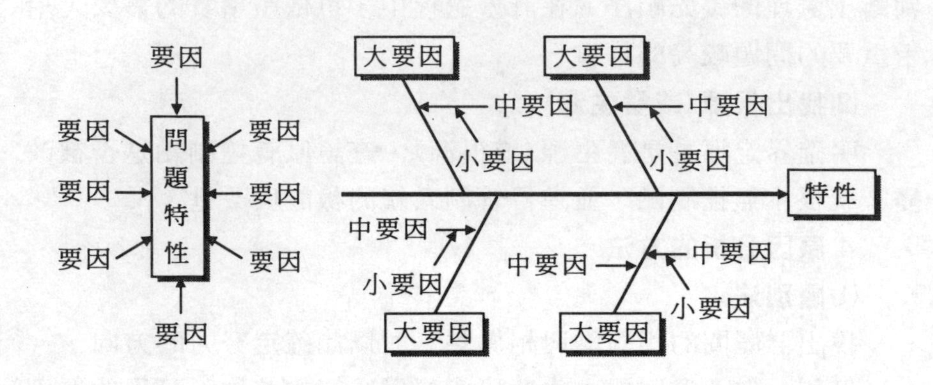

⑶**柏拉圖**

①定義及由來

柏拉圖又叫重點分析圖，是義大利經濟學家柏拉圖在統計國民所得時發現 80%的收入歸 20%人口所有，進而提出柏拉圖法則。

美國朱蘭博士將之用於品質管理上，以解釋若干重要問題佔少數的原因。

同樣的原理用於物料或客戶、項目分類管理時，又稱為 ABC 分析法。

②柏拉圖的作法

A.決定統計項目。

B.設計統計表。

C.決定期間，收集數據。

D.統計各數據。

E.各項目按數據大小順序排列。

F. 求各項目的百分比。

G. 繪入縱軸和橫軸。

H. 繪上直條圖。

I. 記入折線。

J. 記入數據履歷。

圖 8-6　柏拉圖示例

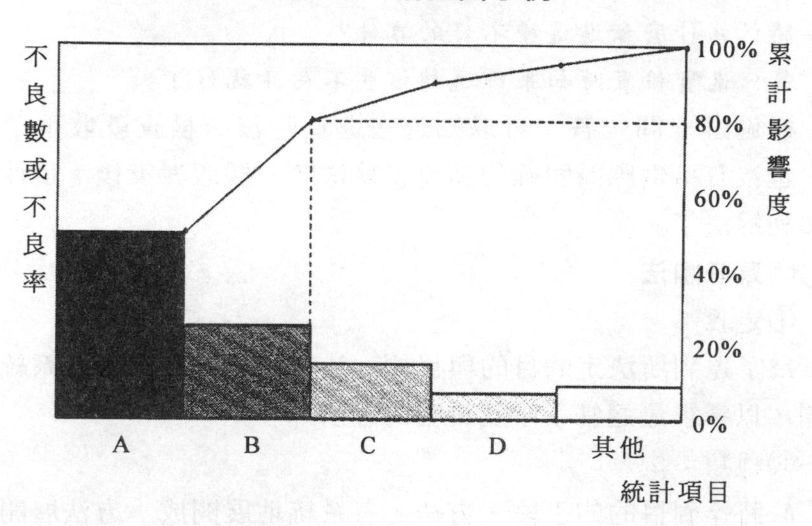

⑷ **5Why 分析法**

以連續一問一答的方式，尋找問題發生的根源。

表 8-6　5Why 示例

問題	1Why	2Why	3Why	4Why	5Why

以作業者關掉自動熔接機的實例作說明：

問：為什麼關掉機器?

答：要進行零件選別。

問：為什麼零件還要選別？

答：零件大小不一，不選別不行。

問：為什麼零件大小不一就不可以？

答：這種尺寸的零件可以用，其他尺寸的零件會熔接不良。

問：為什麼一定要由你來選別？

答：如果供應商交的貨都是這種好零件就不必再選別的了。

問：為什麼會進這種不好的零件？

答：進貨檢查時如果篩選掉這些不良品就好了。

通過這一問一答，可以知道在進貨時沒有檢查就收下了貨品，也沒有給供應商明確的品質檢驗標準。採取對策後，這件事就順利解決了。

⑸**系統圖法**

①定義：

爲了達到所決定的目的與目標，依目的和手段進行有系統的展開，以尋求最適當手段及策略的方法。

②種類：

A.將達到目的的手段、方法，有系統地展開成「方法展開型系統圖」。

B.如品質表一樣，將要求品質展開成「構成要素展開型系統圖」。

③程序：

A.設定目的或目標。

B.選定達到目的、目標的工次手段，記入資料卡片中。

C.將工次手段當成目的，選定達到此目的的 2 次手段也記入資料卡片中。

表 8-7　5個「為什麼」工具分析表

<table>
<tr><td>參考編號：</td><td>日期：</td><td>客戶/代碼：</td><td>零件號/零件名：</td><td colspan="2">公司名稱：</td></tr>
<tr><td colspan="4">問題描述：</td><td>糾正措施</td><td>日期和負責人</td></tr>
<tr><td colspan="4">根本原因
為什麼？
使用該路徑為什麼這一特定問題會發生？
為什麼？　為什麼？　為什麼？　為什麼？
A</td><td>A</td><td></td></tr>
<tr><td colspan="4">為什麼？
使用該路徑分析為什麼這一問題沒有被檢測到？
為什麼？　為什麼？　為什麼？　為什麼？
B</td><td>B</td><td></td></tr>
<tr><td colspan="4">為什麼？
使用該路徑分析為什麼管理體系會允許這一問題發生？
為什麼？　為什麼？　為什麼？　為什麼？
C</td><td>C</td><td></td></tr>
<tr><td>問題解決日期：</td><td>與客戶溝通日期：</td><td colspan="2">如技術過程中有更改，中斷點日期：</td><td colspan="2">品質體系整改措施完成日期：</td></tr>
<tr><td colspan="6">教訓：</td></tr>
</table>

D.同樣的，選定 3 次、4 次手段，直到可實行具體的水準爲止，並全部記入資料卡片中。

E.確認手段的關係並無矛盾之處後，確定卡片位置，畫線連接，完成系統圖。

F.評價各種手段的可行性，選定實施方案。

圖 8-7　系統圖示例

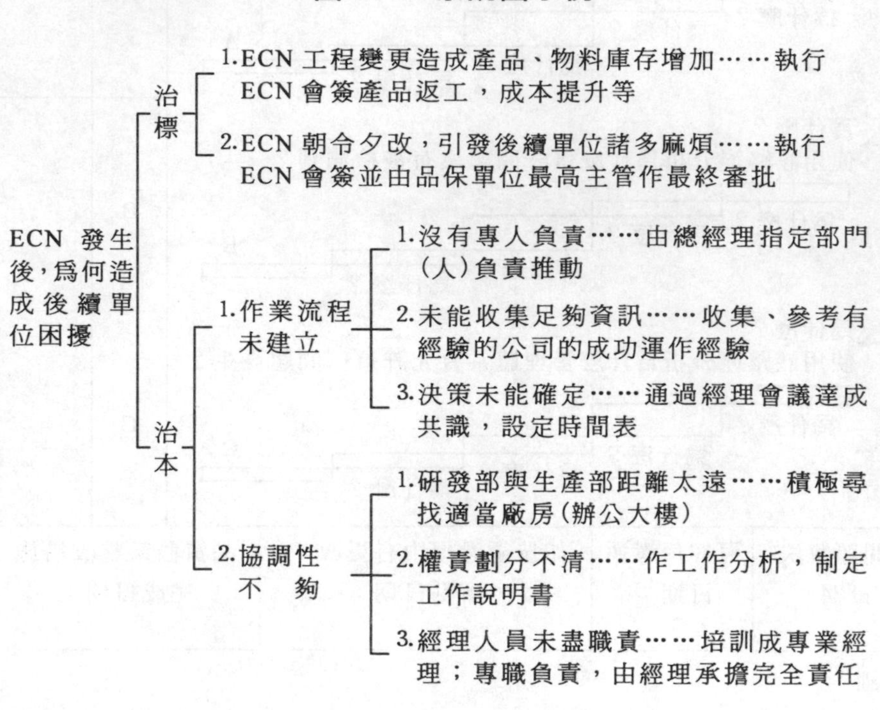

圖 8-8 問題對策表

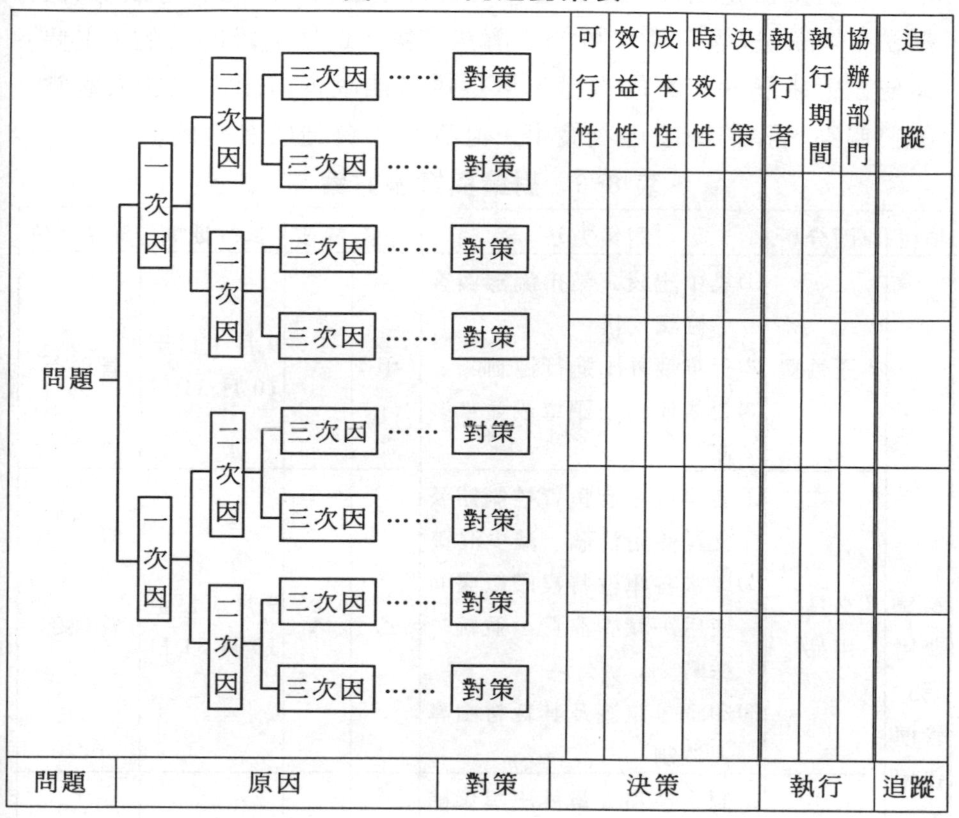

五、對策擬定

圖 8-9 對策擬定

在對策擬定階段，主要是利用腦力激盪法、創意思考法(如模擬法、排除法)等來產生可能的解決方案。這個階段的目的，主要是儘量追求解決方案的數量，以選擇最佳改善措施，並加入適當的控制點，預防問題再次發生，且確認不會造成其他的異常。

表 8-8　對策與實施方案

項目	原因分析	對策方法	提案	評價	試行期間	負責單位
銷售費用和管理費用偏高	1.運輸費	(1)集中出貨，請市場部與客戶協調安排 (2)對車輛外出進行控制 (3)要求使用回頭車或並車裝運	甲	A	9月1日至10月31日	管理部
	2.文具用品	(1)各單位主管負責控制辦公文具使用情形，減少浪費 (2)要求各單位將複印紙雙面使用，減少浪費，並統一採購 (3)印章、電腦及其耗材由專人控制	乙	A	9月1日至10月31日	管理部
	3.餐飲費	(1)制定業務人員外出誤餐補貼標準 (2)制定請客標準(分級標準) (3)對業務人員外出就餐及請客費用統一經市場部經理審批	丙	A	9月1日至10月31日	管理部
	4.加班費	對各單位加班項目加以控制；加班應事前申請，否則不予以計算	丁	A	9月1日至10月31日	管理部

思維解決問題的遊戲

15.智取皮包

幾年前，有個黑龍江來的旅客因為要趕乘從南京去上海的火車，在匆忙之中將自己放有5000元現金的皮包落在了南京的一家旅社裏。等到他坐上火車後才發覺了這件事情，就立刻向列車長申請援助，請他務必想辦法幫忙找到自己的皮包。

可此時火車已經開動了很久，又怎樣去找落在始發地的東西呢？急中生智的列車長突然想到一個辦法，並且在火車仍舊正常行駛的情況下，幫助這位旅客找回了他裝著5000元現金的皮包。

那麼，列車長到底想了一個什麼樣的辦法，幫助旅客找到了他遺失的皮包呢？

答案見 307 頁

心得欄 --

六、決策分析

圖 8-10　決策分析

1.解決問題的目的

首先要制定決策的目標，也就是決策所要求的明確細節。有時候在找出選擇方案之前，便要制定目標，因爲決策分析不是要找出一條行動路線，然後建立一套理論來支持這條路線，而是要從目標出發，找出完成此一事項的最佳方案。

2.決策限制

要瞭解決策的限制，也就是「必要」的事項，因爲必要的目標是保障成功決策的必要條件，任何不符合必要性的因素都必須去除，其目的就是事先過濾容易或可能失敗的選擇方案。

3.決策評估

對於一件物品的需求(即充分條件)，宜盡可能地將此需求量化，以利於找到對策；也可以將此需求作爲評比、表決等決策分析用。但在決策評估之前，必須通過決策限制來進行審查，以免因評比項目的立足點不同，造成決策有失公允。

4.決策障礙防治法(或稱風險評估)

決策選定了以後，還要針對此決策有負面影響的情況作出評估，若風險太大，則此決策仍不能執行。例如，選美會評比，結果第一名爲一位身高僅 165 釐米的女性，但評估其他國際性選美標準時，如果該標準不符合國際慣例，那麼標準就必須作適當的修改。

在決策過程中必須瞭解「決策障礙」，也就是風險評估。為避免在執行決策後出現新的困難，風險評估是必要的一項步驟。寧可選擇不十分理想但是風險小的方案，也不要選擇接近理想卻具有危機的方案。

5.**實施追蹤**

制定的決策執行後，必須進行追蹤。可使用的方法有以下幾種：

⑴**甘特法**

列出行動計劃表，以 5W2H 定義問題，按「誰在什麼時間做什麼事情」進行追蹤。此方法較簡單，但對於事件的關聯性無法由此法得到。

表 8-9　行動計劃與實施追蹤表

對策	行動方案	實施進度																職責分配	追蹤
		一				二				三				四					
		1	2	3	4	1	2	3	4	1	2	3	4	1	2	3	4		

⑵**網路圖**

畫出作業表，將決策完畢後的執行計劃一一列出，並列出何者為先行作業，何者為後續作業。依此網路圖，即可按部就班地完成預訂的計劃而無任何遺漏。

表 8-10 原因分析與對策評估表範例

原因分析			對策擬訂	決策分析					
問題	一次因	二次因		效益性	掌握性	困難性	成本	合計	先後順序的評估
存款不如預期	收入不足	工作人口過少	增加工作人口	10	2	2	4	18	3
		技能不足	學習新技能	4	3	2	3	12	
	家電的耗電量大	冷氣使用過度	停止使用冷氣	8	4	4	4	20	2
		沒有養成隨手關閉電器的習慣	勸導改善	2	1	2	5	10	
	衣物數量過多	銀行信用卡太多	只保留一張信用卡	6	3	4	4	17	
		愛逛街	不帶太多錢出門	10	4	3	4	21	1
	家庭成員花費大	小孩零用錢太多	減少零用錢	8	3	3	4	18	3
		手機費用驚人	限制每人通話時間	6	3	3	4	16	

根據「原因分析與對策評估表」，可從得分最高的前 3～5 項開始實施。利用「對策擬定系統圖」，可能列出許多方案，但是這些方案不見得都能真正施行。可以將原因分析與對策列出一張「系統圖」，再加入評估項目來評估可行的對策。這是一個實用的工具，能幫助大家就決策的「效益性、掌握性、困難性、成本」作出分析確認，找到相對應的最佳決策方法。

七、執行確認

圖 8-11　執行確認

1. 本階段工作重點

⑴執行計劃及衡量計劃進度，並使用統計工具來收集資料。

⑵就「改善前」和「改善後」的結果進行檢討。

⑶評估結果。

2. 使用方法

⑴甘特圖。

⑵柏拉圖。

心得欄 ------------------------------

第 9 章

解決問題的模式

一、傳統的問題解決方式

傳統的問題解決方式，是指一個問題從最初的確認工作，到解決方案的形成與執行，一直到問題獲得有效改善為止的過程。傳統的問題解決方式共分為五個階段。

1.第一階段：確認並定義問題

①問題的定義與確認。

A.問題的關鍵點是什麼？

B.此問題對企業造成那些影響？

C.目前的狀況是怎樣的？

D.相關聯的人都有對問題的共識嗎？

E.問題產生的影響是什麼？

F.問題發生的頻率有多高？

G.問題與其影響是否已作詳細而明確的記錄？

H.描述此問題獲解決後的狀況，並將預期的狀況予以定性及定量的描述。

表 9-1　傳統的問題解決五個階段

步驟	名稱	作業流程
1	確定並定義問題	現在狀況→以資料與數據判斷損害程度→確認問題的關鍵→描述未來預期→達成共識
2	分析原因	確認問題點→拆解問題環節→以各環節來分析可能原因→確定問題主要原因
3	設定目標	問題主要原因→設定改善總目標→劃分改善階段與目標→達成共識
4	形成解決方案並執行	改善目標確定→解決方案形成→確定解決方案→達成共識→任務分配
5	衡量、追蹤及控制	解決方案→執行→評估改善方案→重新分析問題或解決方案→確認改善成效→評估和衡量改善結果→形成標準化

②失敗原因分析。

A.問題的關鍵點未掌握。

B.沒有形成問題共識。

C.對問題獲得解決後的狀況，未能予以定性及定量的描述。

D.未曾對問題有非常明確的陳述，使問題模糊不清。

E.對問題未作出詳細而適當的描述。

F.問題描述過於形式化。

2.第二階段：分析原因

①分析問題的方法。

A.流程圖：瞭解過程與理想途徑之間的差異，是否可能造成問題。

B.檢查表：以觀察的書面證據來檢查差距。

C.環節要因分析：須確認並發掘展開某特定問題或狀況所有可能的原因。

D.分析時應仔細拆解問題的細節。

E.運用分析技巧(參考表 9-2「PSP 分析原因的操作技巧」)。

F.如何收集資料？需要使用那些統計技術？

②失敗原因分析。

A.問題未能仔細拆解，而僅就問題本身討論或判斷。

B.當問題牽涉到單位職責時，存在過於自我保護的現象。

C.對問題本身未達成共識。

D.對問題本身有先入爲主的思考障礙。

③分析原因的操作技巧。

表 9-2 PSP 分析原因的操作技巧

核查表法	探討某一問題時，將應探索的條件擴大、縮小、重組、代替、變形、追加、省略或變更用途等，多層面一一列舉，逐一進行核查，藉以創造出最佳構想的方法
形態分析法	列舉所探討的對象物或課題的結構因素，過濾出其可能發生的變化(參數)，將其參數所有不同的組合一一加以探討
特性(屬性)列舉法	提出產品及組織體系的目的，以及意見的主要本質與特性，儘量想出其可能的變化的方法(強制聯想)
希望點列舉法	列舉願望及夢想，表達能使之實現的觀念，借以求取改善方案的思維方法
缺點列舉法	列舉現有的各項缺點，發掘其問題所在，以探討可行的改善對策的思維方法

3.第三階段：設定目標

①設定目標。

A.目標應進行定性與定量，以便衡量。

B.訂出改善方案，劃分改善的階段目標。

C.期限結束時，是否可以很明顯地判斷出目標已經實現？

D.訂定衡量計劃(確定目標的可行性)。

E.進行 5W1H 思考(When、What、Who、Where、Who、How)。

F.取得操作改善者的共識。

②失敗原因分析。

A.目標未進行定性與定量，故不容易衡量。

B.目標太過遙遠或太大，未能劃分階段目標。

C.未取得操作改善者的共識。

4.第四階段：形成解決方案並執行

①形成解決方案。

A.構思解決方案時千萬不能事先預設障礙。

B.誰執行？知會誰？誰評估？

C.獲得高層管理者的支持。

D.上級主管給予足夠解決問題的資源(人力、財力和物力)或權限。

E.確定活動步驟、執行時間與負責人。

F.分工操作，得到橫向的承諾與配合。

G.鼓勵其他人提出更多的改善意見。

②失敗原因分析。

A.上級未給予足夠解決問題的資源(人力、財力和物力)或權限。

B.構思解決方案時有預設障礙，導致構思受到限制而無法開展。

C.分工責任人對解決方案沒有詳細瞭解。

D.解決問題時未作有效分工。

E.未確定解決順序與橫向關係。

③解決問題的操作技巧。

5.第五階段：衡量、追蹤及控制

①衡量、追蹤及控制。

A.利用統計方法來完成衡量計劃。

B.執行前、執行中與執行後比較結果。

C.各改善階段目標應確實追蹤。

D.各改善階段應隨時注意評估是否有效。

E.在改善結束時，衡量目標是否已經實現。

F.改善進度與狀況應讓全體參與者知道。

G.評估完成狀況，經修正後形成標準化。

②失敗原因分析。

A.改善進度與狀況未能讓全體參與者詳細知道。

B.執行過程中未利用統計方法來作衡量。

C.階段目標達成未如預期。

D.改善過程未形成標準化，導致問題一再發生。

E.虎頭蛇尾，未強化監控力度。

F.執行中，資源(人力、財力和物力)或權限的獲得未如預期。

思維解決問題的遊戲

16.李光弼智收戰馬

唐朝末年爆發了歷史上著名的「安史之亂」，多虧了一些智勇雙全的文武百官，才使得天下重新恢復了太平景象。在這些官員中，李光弼就因為對抗最大的叛將之一史思明而為後人所景仰。

當時，在雙方即將展開大戰之前，狡猾的史思明先是採取了攻心戰術，試圖摧垮唐朝軍隊的信心。為此，他每天都派人在河的對岸放養數千匹高大的戰馬，故意要讓唐兵看到自己軍隊的雄厚實力。對此，李光弼當然也很著急，可他突然想到了一個破解敵軍這一戰術的方法。於是，他立刻吩咐手下將士四處搜集那些剛剛產過馬駒的母馬，而且是越多越好。等到數百匹母馬被搜集而來後，李光弼很快就用它們破解了叛軍史思明的戰術。不僅如此，還用敵軍的那些戰馬增強了自己軍隊的實力。

你可知道李光弼是如何做到這一點的嗎？

答案見 307 頁

心得欄 --

二、福特 8D 法的問題解決模式

問題的分析和解決，有一套科學的方法，即便是緊急「救火」也有一套規範的流程。這套方法，日本企業界稱之爲 PDCA 四階段十步驟的 QC 工作方法，歐美企業界則稱之爲 8D 法，它起源於品質問題的分析與解決，後來被廣泛運用於推進各項業務。

表 9-3　福特汽車問題解決的八個步驟

步驟	要點
(1)組建團隊	確定相關方及人員，以損失不再擴大爲前提
(2)把握現狀	描述問題，以損失不再擴大爲前提
(3)不良處置	控制損失，防止不良流出
(4)原因分析	尋找問題根源，探求對策
(5)糾正措施	實施改善對策
(6)效果驗證	檢驗對策效果
(7)預防措施	實施標準化及鞏固措施，舉一反三
(8)總結激勵	追究責任並教育相關人員，總結經驗，改善，激勵

1. 組建團隊

根據問題或課題的內容及發生情況，選擇內部及外部人員組成臨時性的虛擬團隊。如果是重大的跨部門課題，爲了突破跨部門運作的阻力，必要時需要借助行政權威和專業權威的力量，請相關主管領銜參與。組建團隊後，根據業務內容確定解決問題的主導部門和責任者、職能支持部門及責任人，明確分工與配合要求。

2. 把握現狀

把握現狀又稱描述問題，其實質是：應該有的標準狀態是什麼，目前的實際狀態如何，對比之下發現的偏差、異常在那裏，問題涉及的範圍有多大，是否應該數字化、直觀化、書面化。所以應該明確相關標準，確認實物樣品，測量及統計相關數據，拍攝場景及樣品照片。

圖 9-1　現狀把握的「四化」、「四法」

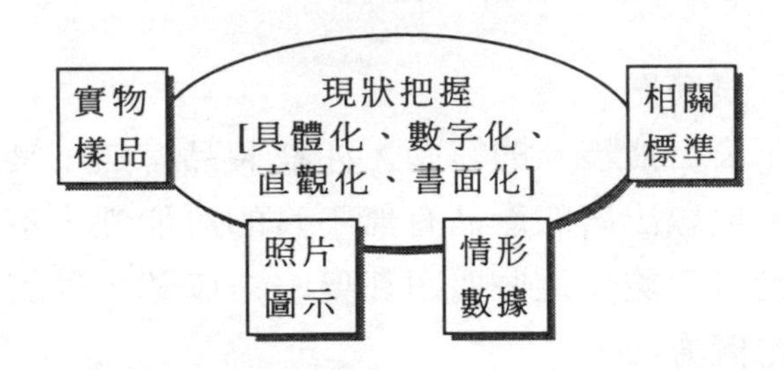

在把握現狀的過程中，要堅持「五項主義」(現場、現物、現實、原理、原則)。圓桌會議的相關人員要親臨生產第一線，把握真實狀況和第一手材料，確保有效對應、分析到位。

從流程入手進行現狀把握和問題分析是快捷有效的重要方法，按照業務流程，由前往後地對各個環節進行確認，預見可能造成問題的原因，並進行現場驗證和詳細調查。

把握現狀過程中要確定判斷標準，這樣才能爲問題的後續處理創造條件，最大限度地減少由此對生產造成的不利影響。

3. 不良處置

在控制損失不再擴大及確定判斷標準的基礎上，要優先保證不良產品不會流到顧客處，所以，對不良的處置成爲這一階段的重要工作。對已經出現的不良，處置的基本步驟是：確定不良範圍，確定處置方法，作出具體安排，有效組織實施(見圖 9-2)。

圖 9-2 不良處置的基本步驟

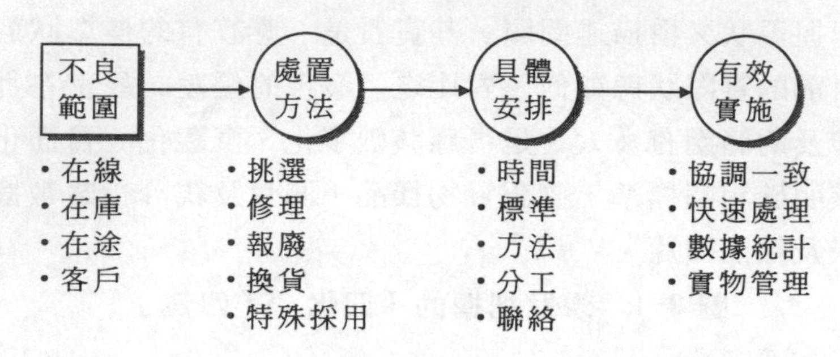

(1)確定不良範圍。

要確定不良可能涉及的範圍，如在製品有無不良，倉庫及堆場有無不良，已經出廠的產品有無不良的可能性，不良品有沒有可能已經流到客戶處，這些問題都要一一確認，做到萬無一失。

(2)確定處置方法。

根據對不良現狀的掌握和確定的判斷標準，對上述不良範圍的不良品作出相應的處置，如修理後使用、挑選後使用、換貨處理、特殊採用，等等。

(3)作出具體安排。

對處置時間、判斷標準、處理方法、處理部門及具體人員的分工合作、聯絡方式等一一作出安排，並通知相關人員，確保理解到位。

(4)有效組織實施。

具體實施上述安排，並做好過程管理，尤其要做好處理過程的品質保證、實物管理和數據統計，避免出現二次不良和二次混亂。

4.**原因分析**

原因分析是問題解決過程中的重點和難點，只有掌握科學的方法、借助科學的工具、遵循科學的原理和規律，系統地進行分析，才能追本溯源，從根本上解決問題，防止問題再次發生。

⑴系統分析。

導致問題的原因可能有多種，從人、機、料、法、環五大管理要素著手，運用腦力激盪法、魚骨圖、關聯圖和失效模式分析等管理工具，將可能的原因羅列出來，尋找可能存在的問題根源。

A.分析的角度：5M1E(人員、設備、材料、方法、環境、測量系統)。

B.分析的工具：腦力激盪法、特性要因圖(魚骨圖)、關聯圖、失效模式分析等。

C.分析的要點：現場現物、邏輯分析、數字說話、各抒己見、實際驗證。

D.可能的原因：設計不完善、技能低下、材料缺陷或錯誤、模具缺陷或錯誤、條件不適或錯誤、違反作業標準、溝通不夠、資源不足、意識薄弱、培訓不足。

⑵尋找末端原因。

在原因分析過程中，一定要刨根問底，直至找到最終原因——末端原因。圖 9-3 是用關聯圖系統分析槽平行度不良的原因。

末端原因有三個特性：存在於流程中間；可以直接控制；排除後可消除不良或大幅度降低缺陷率。

在原因分析的過程中，運用 5Why 分析法，即連問五個「爲什麼」：針對 5M1E 問「爲什麼產生」，針對其產生原因再問「爲什麼」，直到找到末端原因。

在原因分析時，不要以「意識淡薄」、「操作不當」、「管理不嚴」等來解釋原因，因爲這些都是大話、空話，要從技術角度進行分析，才能找到糾正這種表現的具體方法。

圖 9-3 用關聯圖系統分析原因

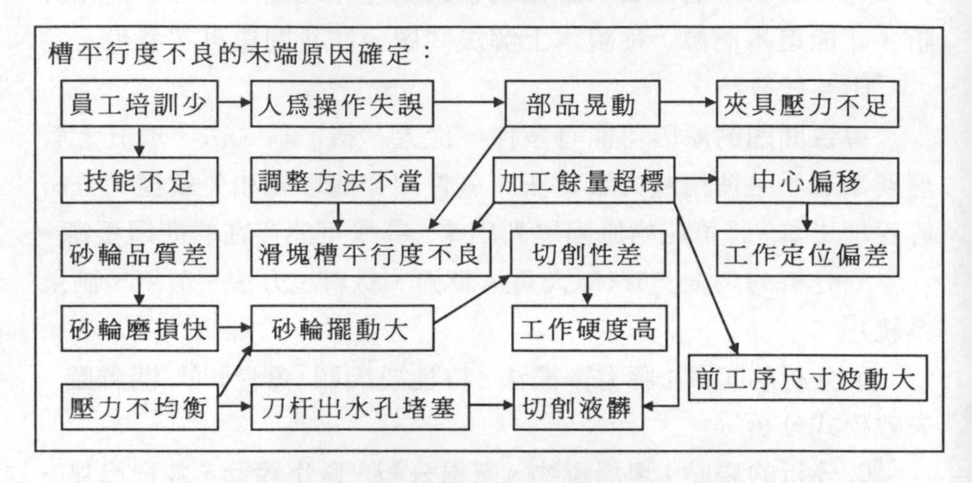

表 9-4 5Why 分析法案例

問題	一位工人正將鐵屑灑在機器之間的通道地面上
第一個爲什麼	爲何你將鐵屑灑在地面上？
回答	因爲地面有點滑，不安全。
第二個爲什麼	爲什麼會滑，不安全？
回答	因爲那兒有油漬。
第三個爲什麼	爲什麼會有油漬？
回答	因爲機器在滴油。
第四個爲什麼	爲什麼會滴油？
回答	因爲油是從聯結器洩漏出來的。
第五個爲什麼	爲什麼會洩漏？
回答	因爲聯結器內的橡膠油封已經磨損了。
問題根源	是因爲聯結器內的橡膠油封已經磨損了，才導致問題的產生

⑶要因驗證。

通過數據統計、系統分析找到主要原因(簡稱要因)，還要驗證其是否準確。可以通過實驗設計，對可能的要因通過比較法、排除法、再現法進行驗證。

5.糾正措施

末端原因找到了，對策自然就出來了。實施糾正措施就是徹底消除問題，防止不良再次發生。

確定對策要運用 5W3H 的方法進行具體化，並掌握基本要點。

表 9-5　用 5W3H 方法確定對策的基本要點

<table>
<tr><th colspan="2">5W3H 方法</th><th>確定對策的要點</th></tr>
<tr><td>Why</td><td>明確目的、目標</td><td rowspan="8">①對策必須詳細、明確、專業
②對策必須針對每一個末端原因
③對策應包括糾正的證明(如修訂指導書或新工裝編號)
④對策應描述防止不良再發生的解決方法(改進計劃)
⑤解決方案可爲短期、長期
⑥要做好文件化記錄</td></tr>
<tr><td>Where</td><td>明確責任部門、實施地點</td></tr>
<tr><td>What</td><td>明確實施對象</td></tr>
<tr><td>Who</td><td>明確責任人、實施人</td></tr>
<tr><td>When</td><td>明確時間、時期和進度要求</td></tr>
<tr><td>How</td><td>具體措施、相關標準</td></tr>
<tr><td>How many</td><td>數字化的標準、要求</td></tr>
<tr><td>How much</td><td>成本投入、投入產出比</td></tr>
</table>

⑴注重物的改善。

運用現場改善愚巧法(防呆法)，注重技術分析，通過物的保證減少對人員技能和態度的依賴。

⑵注重流程完善。

從流程運作的角度對問題進行分析，往往能發現問題的出現會有多個環節的多個原因，對所有的原因都要制定對策，要修訂相關流程標準，使流程能夠環環相扣；杜絕疏漏，變事後「救火」爲事前控制，某個環節失誤了，相關環節馬上能夠發現。

⑶注重人員教育。

對當事人及相關或全體員工進行教育是糾正措施的重要組成部份，但要具體化，避免空洞無物。如：安排個別或全體員工的技能培訓、考核、比武，編寫系統培訓教材，組織反思會、研討會、徵文等，利用宣傳欄等內部媒體進行全面宣傳。

⑷堅持現場現物。

實施對策要落到實處，要徹底避免形式主義。

在確定對策時不要以「加強教育」、「提高技能」、「嚴格管理」等作爲糾正措施，這些還是空話、廢話。加強教育要具體到對誰加強教育、具體怎樣加強教育，是書面檢討還是班會當眾檢討？提高技能應具體到怎樣提高技能：脫產培訓？有教材嗎？要考試嗎？操作培訓師是誰？考核結果如何？有什麼證據？

同時，不要以爲返工、補料、換貨是糾正措施，這些都只是不良品的處置措施。

6.效果驗證

實施改善對策後，要進行效果驗證。效果驗證包括兩個方面：一是既定對策是否得到了徹底實施，二是既定對策實施後是否有效。

效果驗證可以由相關部門自主進行，同時，作爲職能管理部門，要對所有相關部門進行監督驗證和系統驗證。

效果驗證要現場現物，驗證記錄要視覺化、數字化，要有照片、圖示等文件化記錄，還要對對策實施的可追溯性進行驗證。進行效果驗證和記錄時，不要以「效果良好」、「對策有效」作爲驗證說明，這些還是空話，應該具體化、數字化，利用實物、事實和統計數據等進行說明，如改善實施時間，實施後某時期內的生產數量、不良數量、不良率、不良率下降幅度，再據此判斷對策的效果。

7. 預防措施

將有效的糾正措施納入管理體系，做好相關文件的修訂和有效版本的更新配置，變成可執行的、可培訓的文件，確保有效對策得到固化，預防相同問題再次發生。

同時，還要確認有無需要進一步完善的事項，並通過舉一反三，對關聯問題進行預防，防止類似問題再次發生。

8. 總結激勵

善始善終。任何事故的解決都必須以妥善解決作爲基礎，以管理責任人向客戶或上級報告改善結果並取得其認可作爲結束，切實實現閉環管理。

最後要對整個事故及其改善過程進行總結，包括：責任追究(產生責任、流出責任)、改善激勵(認錯態度、採取的對策、改善速度、改善效果)、經驗總結(通過改善獲得的方法體驗、意識強化)以及未來期望(對當事人及相關員工的期待)。

建立了正確的問題意識才能善待問題，讓問題給我們帶來改進機會；具有全面的眼光，才能預見性地發現問題；學習和掌握8D法，才能使我們科學、高效率地分析和解決問題。

表 9-6 8D 處理流程

流程	責任者	說明	使用表單
瞭解問題		8D 作業指導書	8D 問題分析報告表
↓ 運用團隊導向			
↓ 說明問題			
↓ 執行並驗證臨時對策			
定義並確認真正原因：			
識別潛在原因		糾正與預防措施管理程序	
↓ 選定可能的真因			
↓ 真因判定（No → 返回選定可能的真因；Yes ↓）			
列出可以解決問題的各種方案			
↓ 驗證糾正措施			
↓ 執行改正措施			
↓ 防止問題再發生			
↓ 恭喜項目小組成員			

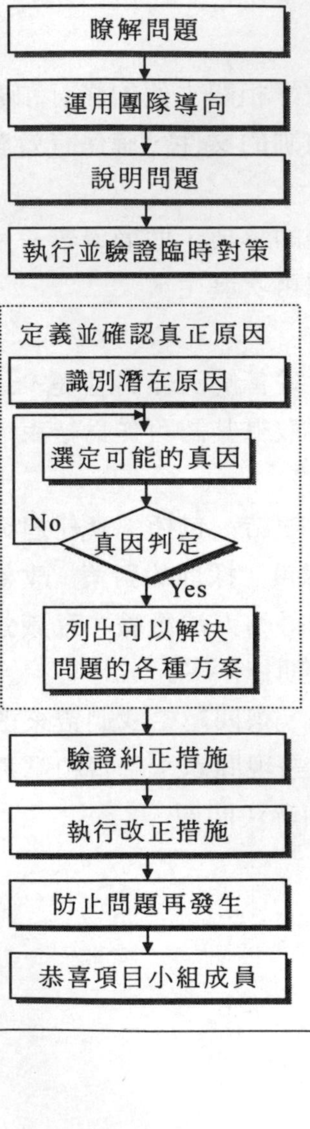

表 9-7　8D 問題分析報告表

<table>
<tr><td>問題編號：</td><td>問題主題：</td><td>開始日期：</td><td>指派給：</td></tr>
<tr><td colspan="2" rowspan="2">(2)描述問題：</td><td>產品生產線：</td><td>產品名稱：</td></tr>
<tr><td colspan="2">(1)小組成員：</td></tr>
<tr><td colspan="4">(3)定義和驗證遏制措施：</td></tr>
<tr><td colspan="3" rowspan="2">(4)確定並驗證根本原因：</td><td>完成日期</td></tr>
<tr><td></td></tr>
<tr><td colspan="3" rowspan="2">(5)確定糾正措施：</td><td>完成日期</td></tr>
<tr><td></td></tr>
<tr><td colspan="3" rowspan="2">(6)實施和確認糾正措施：</td><td>完成日期</td></tr>
<tr><td></td></tr>
<tr><td colspan="3" rowspan="2">(7)防止再發生的措施：</td><td>完成日期</td></tr>
<tr><td></td></tr>
<tr><td>報告人：</td><td>日期：</td><td>抄送：</td><td>日期：</td></tr>
<tr><td colspan="4">(8)小組慶賀：</td></tr>
</table>

表 9-8 8D 問題分析報告表

問題編號：20080201	問題主題：產品 H00651A501 中零件 A 沒有進行電鍍	開始日期：2008 年 2 月 1 日	指派給：範××(品質科主管)

(2)描述問題：

2008 年 2 月 1 日，顧客投訴本公司爲其製造的產品 H00651A501 沒有對產品中零件 A 進行電鍍。見下圖：

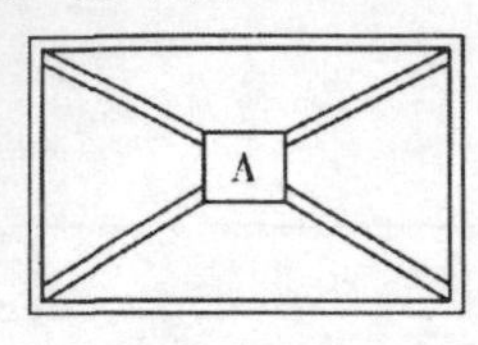

零件號：H00651A501

批號：MT001206

缺陷數：39 片

缺陷種類：沒有電鍍

要求問題關閉日期：2008 年 3 月 1 日

產品生產線：	產品名稱：
A 線	H00651A501

(1)小組成員：

何××──品質科主管(本次小組組長)

劉××──電鍍科主管

張××──電鍍科長

李××──設備科長

謝××──QC 科長

吳××──QA 科長

(3)定義和驗證遏制措施：

①在收到顧客的投訴後，對所有庫存的 H00651A501 產品進行了檢查，結果如下：

批次號	庫存數量	檢查數量	狀態	缺陷數量
MT001206	19308 片	19308 片	OK	0
MT001208	14274 片	14274 片	OK	0
總計	33582 片	33582 片	OK	0

②對操作人員進行培訓和教育，讓其知道最重要的事情是遵守工作程序和指導書以保證顧客產品品質，使其意識到操作人員在產品品質保證中的重要職責。公司要求，任何由於不小心引起的錯誤是不允許的，並且不能重覆發生，否則將會給顧客帶來不必要的損失。同時，公司將造成的錯誤進行展示，以教育員工。

續表

⑷確定並驗證根本原因

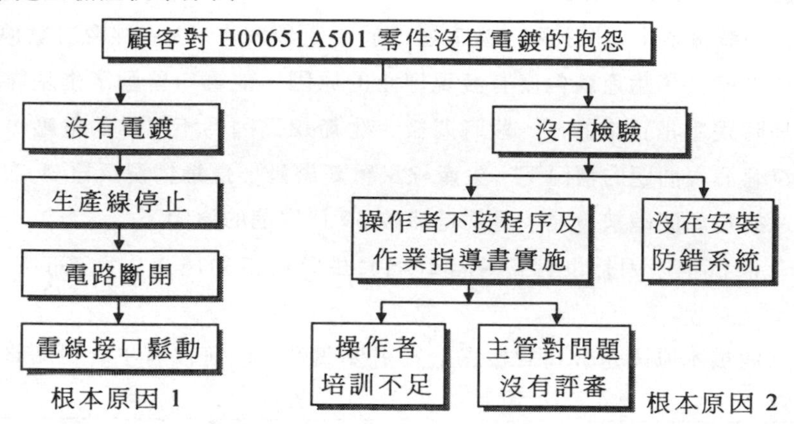

①第一個根本原因是電線和電路接觸器之間的連接點鬆動。

A.電鍍的機制請見下圖。

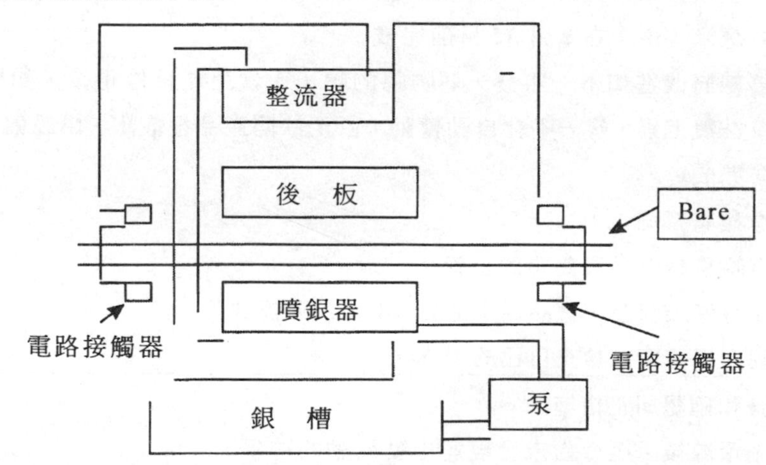

a.噴銀器和後板緊緊壓住 L/F，以使銀能被鍍在正確的位置。

b.電路接觸器被關閉，開始工作。

c.銀液被從銀槽泵到噴銀器。

d.整流器打開，銀鍍到 L/F 上。

續表

B 電鍍的電路因爲連接點鬆動而斷開，導致鍍銀沒有實施。

C.鍍銀的整流器由電壓控制，當電壓低於規定參數時，生產線會自動停止，操作者檢查了生產線但沒有發現停止的原因，他重新啓動了生產線，因爲那時電壓是正常的。一段時間後，生產線又因爲不正常的電壓停止，在沒有發現問題的情況下，生產線又重新啓動。這種情況反覆 4 次，直到連接點的問題被發現，這就是造成 39 片缺陷的原因。

②第二個根本原因是沒有安裝當缺陷發生時能自動停止生產線的防錯系統。

③第三個根本原因是公司的檢查系統需要改進，晚班沒有主管對品質問題負責。

---

(5)確定糾正措施：

①爲防止連接點再鬆動，將與電路連接器相連的電線由 4 平方毫米改爲 6 平方毫米，由李在 2 月 15 日前完成。

②電鍍線將改進如下：開發一個防錯的轉子，當生產線停止後，如果產品沒有被鍍上銀，轉子不會自動轉動，直至缺陷產品被取出。由設備科在 2 月底完成。

③改進檢查系統：

A.指定晚班負責品質問題的主管。

B.如果有停線問題，應該馬上通知 QC，以確認缺陷。

C.每個人根據要求檢查自己的工作。

---

(6)實施和確認糾正措施：

①換完電線後，至今尙未發現連接點鬆動的跡象。

②斷開電流接觸器的電路進行試驗，一旦電壓不正常，轉子將自動停止工作，直至沒有電鍍的產品從線上取下。

續表

<table>
<tr><td colspan="4">(7)防止再發生的措施：
電鍍工作指導書被修改，增加了如下內容：
①當生產線不正常停止時，操作者不僅要挑選出缺陷產品，而且要在工作記錄表中記下數量及當班 QC 的名字。
②電鍍線在每天早上啓動前，必須檢查電流接觸器的連接點和電線。
③開發一個包括每天需檢查事項的檢查清單，例如生產線停止，不管缺陷產品是否被挑選，製造部和 QA 須進行審核。
④以次類推，如果有類似問題，由本小組負責糾正並採取適當的預防措施。</td></tr>
<tr><td>報告人：</td><td>日期：</td><td>抄送：</td><td>日期：</td></tr>
<tr><td colspan="4">(8)小組慶賀：
①成效計算：以每產品成本 50 元計，改善前(2008 年 2～5 月)統計破損 200 個，損失金額 10000 元；改善後雖成本投入增加 1 元，同樣可減少損失 9800 元。
②主管承認工作成績。
③鼓勵與表揚。</td></tr>
</table>

思維解決問題的遊戲

17.瘦子和胖子

一輛行駛的火車上，一胖一瘦兩個旅客為了開不開車窗的事而吵個不停。週圍的旅客根本沒法休息。就在他們兩個人越吵越凶的時候，列車長走了過來。在多次規勸無效後，這位列車長只是說了一句話，就讓兩個人都啞口無言、不再爭吵了。

你能猜到這位列車長對這兩名旅客說了一句什麼樣的話嗎？

答案見 307 頁

三、麥肯錫七步法的解決問題模式

國際著名的麥肯錫管理諮詢公司，也有一套解決問題的模式，該模式共分爲七個步驟，包括：陳述問題、分解問題、消除非關鍵問題、制訂詳細的工作計劃、進行關鍵分析、綜合結果並建立有結構的結論、整理一套有力度的文件。面對龐雜難解的問題時，通過此模式的運作，可以抽絲剝繭，有效找出解決問題的方法，爲企業創造價值。

1. 陳述問題

第一步要先確定問題的起點，確保一開始就朝正確方向思考。在這一階段要清晰地闡述需要解決的問題。舉例來說，產品經常無法在一定期限內有效開發出來，這時候首先要確認的是，產品開發延遲，是由於人事編制不合理，還是研發部門流程不順暢。

2. 分解問題

第二步就是要結構化地分解問題。這時候可以開始畫樹狀圖，將一個龐大的問題分解成一個個的小議題，就如同將食物切成小塊，才能一一消化。例如產品開發部門有問題，其中到底是策略、系統還是人員的能力不夠好，要再細分清楚。

3. 消除非關鍵問題

第三步是在訂出一個個小議題後，接著將議題排序，按照影響的程度排列，將最重要的議題先解決。

4. 制訂詳細的工作計劃

第四步需要制訂出詳細的工作計劃表。假如最先須解決的是產品開發系統不夠好的議題，就要進一步瞭解系統的流程是什麼、流程應用程度如何、有多少工程師在使用等，將一系列可以進行的事項再細分出來，並將這些細節清楚地記下來，訂出工作時程表。

表 9-9　麥肯錫七步法

步驟	名稱	要點	要點說明
1	陳述問題	清晰地闡述要解決的問題	•一個主導問題或可靠性很高的假設 •具體，不籠統，不是對問題的羅列或一種無可爭議的主張 •行動性強 •以決策者下一步所需的行動為重點
2	分解問題	用邏輯樹對問題進行陳述	•將問題分成幾個部份使問題可以分成能夠解決的幾個部份，並將不同部份按輕重緩急區分，同時要求每個人都應該執行崗位責任制 •保證完整地解決問題：將問題的各個部份解決好，即可解決整個問題；確保所分問題的各個部份各不相同，而且包括了各個方面(即沒有重覆、沒有遺漏) •使項目小組共同瞭解解決問題的框架
3	消除非關鍵問題	淘汰不重要的問題	•經常反覆推敲過程中的每一步——假設、理論及數據之間的聯繫——使用80/20的思考方式 •重點解決最重要的問題 •不僅要常問「那又會怎樣」，而且還要問自己忘了什麼 •進行一項較難的研究分析時，淘汰不重要的問題是進行工作的關鍵

續表

4	制訂詳細工作計劃	制訂詳細且可行的計劃	涉及做何事、誰來做、何時做
5	進行關鍵分析	以事實爲依據進行關鍵分析	·以假設和產品爲主 ·經常反覆地分析假設和數據之間的聯繫 ·盡可能地簡化分析 ·仔細分析之前估算數據 ·使用 80/20 及簡便的思維方法 ·從專家那裏得到數據 ·對新數據採取靈活的處理方法 ·同項目小組共商良計 ·對困難有所準備 ·勇於創新
6	結合結果建立有結構的結論	綜合分析調查結果，進行討論	·陳述所在問題的情況 ·將閑難之處詳細列出以改善情況 ·擺出可能解決的途徑
7	整理一套有力度的文件	標準化	將整個改善案整理成冊，形成標準化文件

5. 進行關鍵分析

第五步是執行關鍵分析。一一找出問題點後，便要著手搜集資料，在以事實爲依據的基礎上，針對問題進行關鍵分析。

6. 結合結果並建立有結構的結論

第六步是結合結果並建立有結構的結論。例如經過一連串的分析驗證，最後證明問題的確出在缺乏一個有效的流程去管理產品開發部門的工程師，因此導致產品經常延遲。

7. **整理一套有力度的文件**

最後一步是整理一套有力度的文件。在得到結論之後，應將整個改善案整理成冊，形成標準化作業。例如該如何改進流程，讓工程師更有效地開發新產品。

圖 9-4　麥肯錫七步成詩法圖示

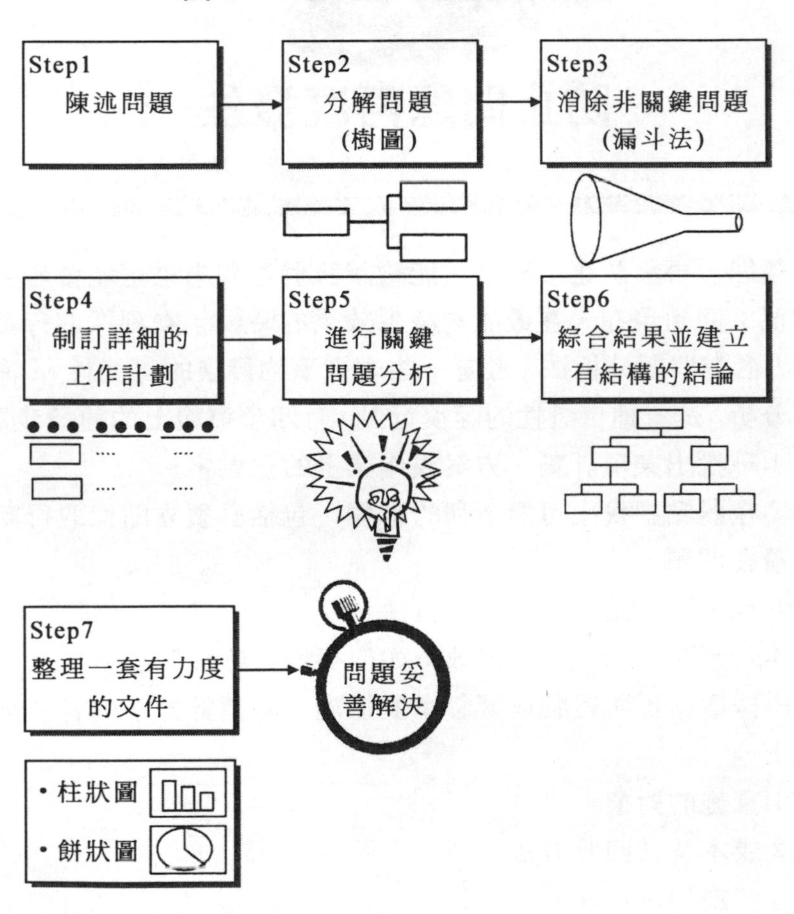

第10章

防止問題再度發生

經過「再發防止」程序，能夠讓我們看到未來可能會發生什麼情況；回到現在，在最能夠發生效果的時候，立刻採取行動，使用「潛在問題分析法」考慮一些未來事物發展的可能性。「潛在問題分析」是一種自發性的謹慎行動，有四項邏輯上的連續步驟：

1.尋找出某項計劃、方案或作業上的弱點。

2.在弱點中找出可能不利的影響，包括必須立即採取行動的特定潛在問題。

3.找出原因及可以防止的方法。

4.若預防行動失敗或無效，如何採取行動緊急應變。

所採取的預防行動或緊急應變措施，必須針對下列各項來決定：

1.實施的對象。

2.成本及其回收方法。

3.實施的可行性。

4.常識。

「再發防止」與「決策障礙」基本上具有相同的行動起點，但是兩者的目的和過程卻完全不相同。「決策障礙」是考慮選擇方案的不利後果，作出一個平衡的選擇，找出風險小的方案；而「再發防止」是要找出一個方案來消除已經存在的風險。

在「再發防止」時首先要建立一個共識，即必須以一種積極的態度開始，並深信人類對未來具有某種程度的控制能力，也就是預測未來的發展趨勢。而且「再發防止」可能會在很久以後才能看出投資所獲得的報酬。

「再發防止」在程序上與「原因分析」、「決策分析」不同，「原因分析」及「決策分析」是一個步驟接一個步驟，以有秩序且完整的方式產生一個合乎邏輯的結論。「潛在問題分析」則經由四個邏輯上的連續步驟，找出潛在的問題及原因，而其中可能有一些根本無法預防，此時就必須直接訂出應變計劃，使影響減至最低。

一、再發防止可使用的方法

1. 缺陷樹圖

將問題產生的各種原因以「和」或者「或」的方式畫圖列出，再針對造成問題的 70%的原因作出預防對策(即使用愚巧法)，則可防止問題的再度發生。

如下圖 10-1 所示。

圖 10-1 馬達過熱事件的缺陷樹圖

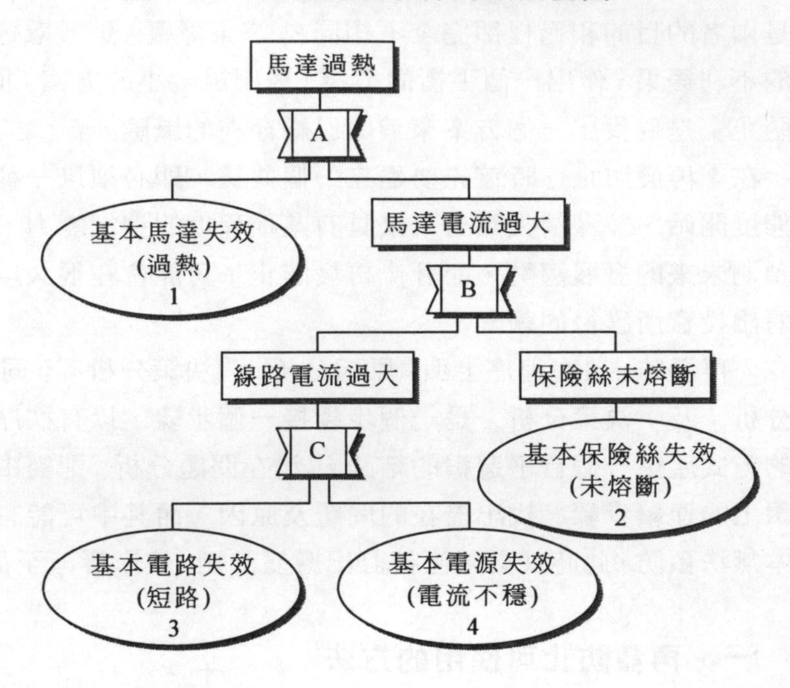

2.潛在失效模式和效果分析

將問題模式依 4W2H 予以敍述，再用 3Why 進行原因分析，並用「誰在什麼時間做什麼事」的方法將改正的情況詳細敍述，以此作爲往後問題再產生時的參考。目前電腦科技日新月異，可以採用個人電腦將所有故障模式建檔，建立一個改善解決問題的資料庫，以便新進人員參考，使經驗得以傳承。

表 10-1　FMEA 潛在失效模式及效果分析表格與分析思路

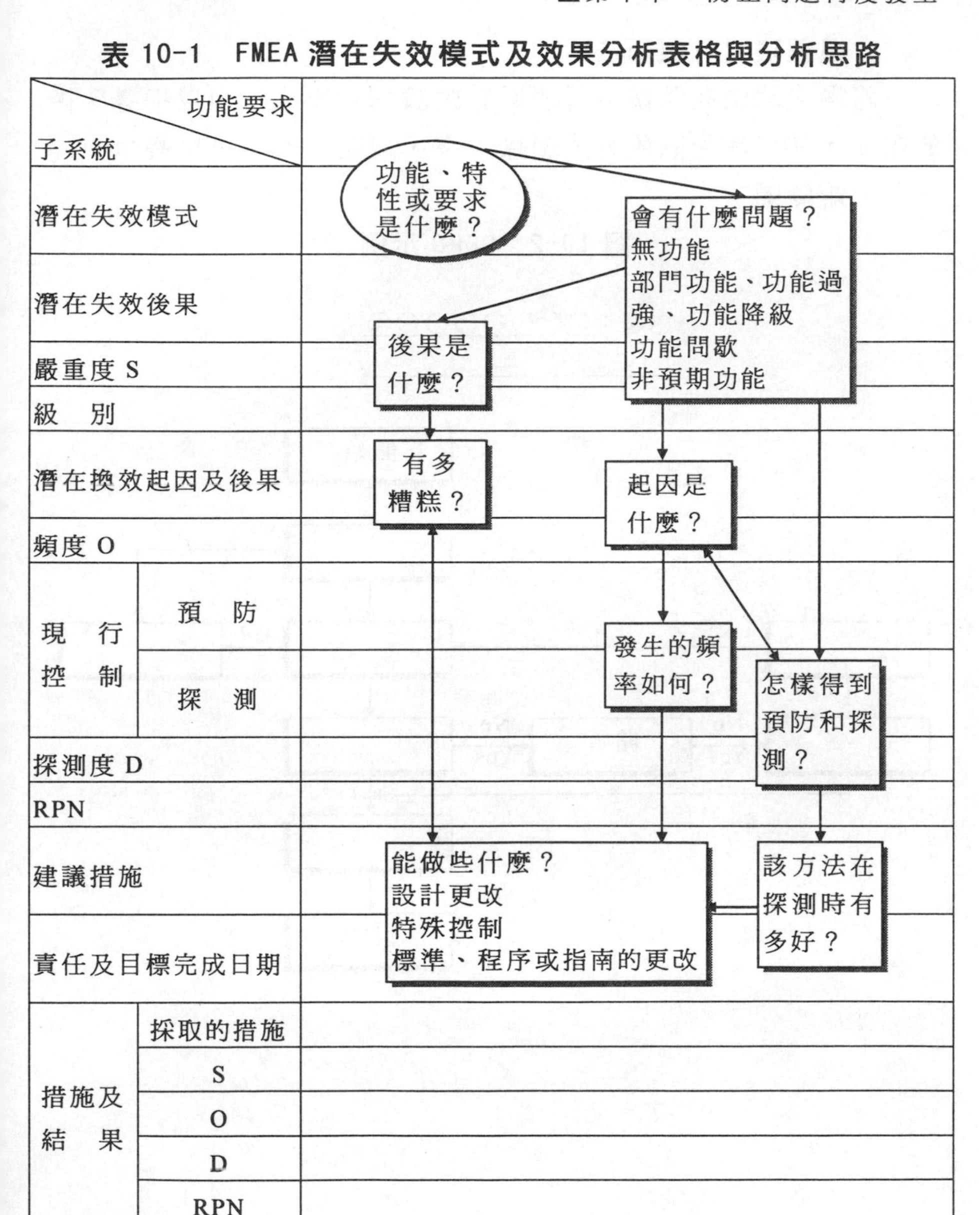

3. **過程決定計劃圖法**

將過去解決問題當中所積累的經驗列示出來，用以指導今後的工作，並以流程圖的方式記錄下來，以防止問題再度發生。

4. **矩陣圖**

圖 10-2 PDPC 示例

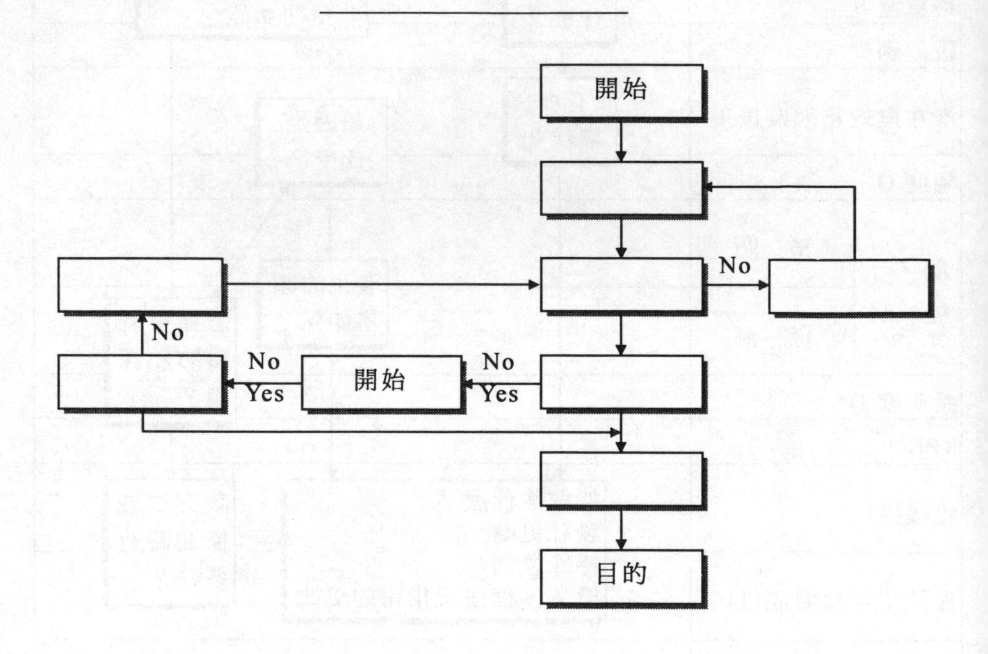

表 10-2 成型不良的現象及對策表

補正方法	塑膠在噴嘴下滴漏	模內進料不夠	螺紋杆不後退	陷痕	成品焦化	成品表面不平滑	塑膠流出模外	成品表面無光澤	熔膠流動性低	成品變形	進料口部份龜裂	成品上有流紋	成品脆弱	成品表面不平	成品上有蟲形紋路	熔膠溫度太高	成品黏膜	脫模時通路破裂	成品表面有紋路
增加射出壓力		√																	
減少射出壓力							√			√									
增加熔膠筒溫度		√						√				√							
減少熔膠筒溫度					√		√												
增加壓力和加壓時間				√										√					
減少壓力和加壓時間							√			√	√		√						
增加噴嘴的溫度		√		√					√										
清潔噴嘴		√																	
增加螺紋杆轉速									√						√				
減少螺紋杆轉速																√			
旋轉噴嘴																			√
增加閉模的壓力																			
延遲射出	√																		
減低射出速度					√	√	√						√	√	√		√		√
增加射出速度		√										√		√					
射出時使螺紋杆轉動不停						√													
增加背壓						√							√						
減少背壓			√													√			√

續表

加大噴嘴孔				√	√			√	√		√			√					
增加模的溫度		√								√		√	√						
減少模的溫度							√	√					√	√			√	√	
把模再抛光						√													
修整模							√												
抛光進料口通路和模口																	√		
加大模口		√		√	√	√			√										
在模中加透氣孔					√														
增加冷卻面積						√											√		
用乾塑膠原料			√			√													√
用清潔的塑膠原料								√											
加料或移去障礙			√																
加料至成型機中											√			√					
用離型劑																			
調節噴嘴壓力	√																		
查看噴嘴和進料口的大小																	√	√	
減少噴嘴孔的溫度，然後把塑膠自進料口中拿出	√																		
降低熔膠筒後部的溫度(尼龍則要增加高溫度)			√																
調整通路				√															
用緊縮空氣膠膜																	√		

思維解決問題的遊戲

18.鐵桶江山

有一年，乾隆皇帝為了慶賀即將到來的生日，就發給每個大臣千兩黃金，讓他們為自己準備壽禮。為了討皇帝歡心，大臣們各自都搜集了大量的奇珍異寶。

而剛正的老臣劉統勳卻沒有這樣做。雖然他也領到了黃金，可他卻把這些黃金發放給了那些鎮守邊疆的官兵，並告訴他們說這是皇上犒賞的。然後，他又在一個鐵桶裏裝滿了很多的薑，把它作為禮物獻給了乾隆皇帝。

到了乾隆生日的那天，當劉統勳把自己這份壽禮中的含義說出來以後，乾隆不僅沒有生氣，還連聲說這是自己今年收到的最好的禮物。

那麼，你能想到這份禮物中究竟有著怎樣的含義嗎？

答案見 308 頁

心得欄

二、標準化作業

運用品管統計手法分析問題,使用 PDCA 原則進行問題分析和改善,緊接著還需要做標準化的工作。

標準化是指以科學的方法,有系統地制定材料、品質、設備、製品的程序書、作業方法、作業指導等標準、規格或規定,且有組織、靈活有效地運用這些標準,以達到經營管理目的的一切活動。

所以在問題改善完成之後,應立即召集相關人員進行標準化作業,也即:沒有標準則要制定標準,標準不合理的要修改標準。經過第一次分析作出的改善措施在進行標準化時,並不意味著在實際生產中真的有效果。因此,標準化後還需要再作二次分析,再次使用品管統計手法來分析改善生產過程中出現的問題,並將兩次分析所得的數據進行比較對照。這樣,才能將真正行之有效的改善方法予以標準化,使之成爲工作的指導書。通常來講,需要制定或修改的標準有:QC 工程圖、作業指導書、檢驗標準、機器操作規程等。

在進行再標準化和再分析時,需要重視工作指導和培訓考核。由於再標準化必然帶來作業標準規範和檢驗規範的改變,必然要求相關人員和管理人員改變原來的作業方式或思維習慣。只有加強工作指導、培訓、考核,才能使他們從內心裏真正樂於接受新的概念和方法。

以時間發生先後來區別問題分析與決策的特性,如表 2-16 所示。

表 10-3　問題發生時、發生後與發生前特性比較

項目	一	二	三
時間	問題發生時	問題發生後	問題發生前
名稱	錯誤	檢討	計劃
人的能力	不知不覺	後知後覺	先知先覺
階層	基層人員	中層主管	高層主管
解決程度	局部解決	大部份解決	整體性解決
對策	治標	治本	預防
重點	資料作業	過程解決	全員參與
做法	DCAP	CAPD	PDCA

P(計劃)、C(檢查)、D(執行)、A(回饋)之間的關係如圖 10-3 所示。

圖 10-3　PDCA 圖示

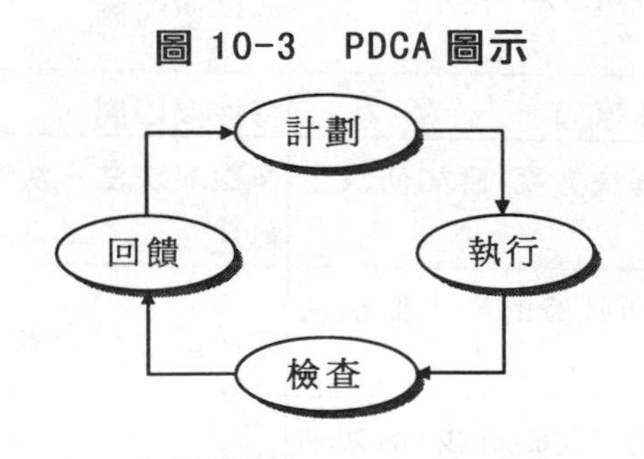

憑直覺並輔以經驗的決策方式，雖為大多數人使用多年，但是理性而科學化的決策方法，的確有助於決策者在混亂的情況中作出正確且適用的決定，並可制定長期規劃。

將日常工作中一部份例行的程序，試用「問題分析與決策」的步驟來進行，結果不論決策的效果還是部屬的接納上，都會出現正面的反映。所使用的工具，以腦力激盪法、特性要因圖等在應用中最容易被接受與適用；在使用名義群體法時，顯示出明顯的效果；決策者感興趣的是以關聯圖法找出治標與治本的問題，而較不感興趣的是運用柏拉圖系統；另外對決策矩陣法接受的程度比達飛法高，而對 FMEA(潛在的失效模式和效果分析)的使用則會出現心理上的排拒，特別是針對因「人」引起的問題時。

表 10-4　解決紛爭的過程

情　況	建議使用的技術
我們不知從何處著手。	腦力激盪法、障礙及援助法
每個人對問題有不同的意見，我們應如何縮小問題呢？	多數表決法、達飛法、決策矩陣法
我們擬出了一連串的問題，但應如何排定解決的優先順序呢？	決策矩陣法、柏拉圖分析法
面臨一複雜且需多層面考慮的問題，應如何分析呢？	特性要因圖
必須找出問題的根本原因。	特性要因圖
已找出一些可能的解決方案，應如何決定採用那一個呢？	多數表決法、決策矩陣法、收集資料法
對於執行解決方案所耗費的成本無法決定。	面談法、檢查表
當已完成解決方案的試行措施後，應如何評估其結果呢？	檢查表

三、再發防止對策報告書

表 10-5　再發防止對策報告書

<table>
<tr><td colspan="5">再發防止對策報告書</td><td rowspan="3">發行</td><td>管理 No</td><td colspan="2"></td></tr>
<tr><td rowspan="2"></td><td>主題</td><td colspan="2"></td><td>機種</td><td>核定</td><td>審查</td><td>承辦</td></tr>
<tr><td>品名</td><td></td><td>零件號碼</td><td></td><td></td><td></td><td></td></tr>
<tr><td>1.
發生
狀況</td><td colspan="4">(1)發生日期：　　年　月　日
(2)區分：□市場；　□客戶；　□廠內
(3)發生地點：
(4)數量(異常數量/批量)：
(5)再發區分：□初　□再
(6)希望回覆日期：　月　日
(7)異常品製造批號：
(8)抱怨(異常)內容：
(9)要求處理事項：</td><td>簡圖</td><td colspan="3"></td></tr>
<tr><td>2.
事實
把握</td><td colspan="4">(1)工程概要
(2)現品調查結果
(3)要因分析
(4)現生產品的品質狀況
(5)要求責任單位處理事項</td><td>簡圖</td><td colspan="3"></td></tr>
<tr><td rowspan="2">3.
發行單
位效果
確認</td><td colspan="4" rowspan="2"></td><td>核定</td><td>審查</td><td colspan="2">承辦</td></tr>
<tr><td></td><td></td><td colspan="2"></td></tr>
</table>

續表

不良責任單位	核定	審查	承辦		不良責任單位		分發單位			
							份			

1.原因追究、真因求證	簡圖
(1)製造原因：＿＿＿＿＿	
(2)流出原因：＿＿＿＿＿	
(3)原因分析：＿＿＿＿＿	

	STEP1	STEP2	STEP3	STEP4	STEP5
製造源					
流出源					

2.適當的對策

暫定對策	實施日	永外對策	實施日

庫存品處理			
客戶庫存：＿＿＿＿＿			
廠內庫存：＿＿＿＿＿			
廠商庫存：＿＿＿＿＿			

3.回饋 水平展開 (類似產品) 標準書類 體制				
	設計基準、規格、尺寸	增修訂	SOP	增修訂
	技術標準書	增修訂	SIP	增修訂
	FMEA	增修訂	加工條件確認項目	增修訂
	CP	增修訂	「我的品質保證」管理項目	增修訂

第 11 章

問題解決能力遊戲

一、識別能力遊戲

10 塊錢那去了

遊戲目的：

讓組員認識到思考方向的重要性。

提高組員識別和分析問題的能力。

遊戲內容：

遊戲人數：不限。

遊戲時間：15 分鐘。

遊戲場地：室內。

遊戲用具：印有題目的試卷。

遊戲步驟：

①培訓師將印有以下內容的試卷分發給組員。

一天晚上，有 3 個人去住旅館，3 人間 300 元一晚。3 個人每人掏了 100 元，湊夠 300 元交給了老闆。後來老闆說今天有活動，優惠價 250 元，讓服務生退還給 3 人 50 元。服務生私藏了 20 元，把剩下的 30 元錢退給了 3 人，每人分到 10 元。這樣，剛才每人只花了 90 元錢，3 個人就是 270 元，再加上服務生藏起的 20 元就是 290 元，還有 10 元錢了去那裏？

②讓組員來分析「失蹤的 10 塊錢」那兒去了。

遊戲思考：

你能夠獨立地分析出答案嗎？

你的思考方向正確嗎？

遊戲附件：

參考答案

錢並沒有丟，只是計算方法錯誤。服務生拿去的 20 元錢就是三個人總共支付的 270 元錢中的一部份。270 元減去 20 元等於 250 元，正好是旅館入賬的金額。270 元加上退回的 30 元，正好是 300 元，這才是三個人最開始支付的房錢總數。

馬屁股的寬度

遊戲目的：

讓組員瞭解僵化思維的後果。

讓組員瞭解問題識別的本質。

遊戲內容：

遊戲人數：不限。

遊戲時間：25 分鐘。

遊戲場地：教室。

遊戲用具：無。

遊戲步驟：

①培訓師爲組員講述故事「馬屁股的寬度」。

現代鐵路兩條鐵軌之間的標準距離是 4 英尺又 8.5 英寸。爲什麼採用這個標準呢？原來，早期的鐵路是由建電車的人所設計的，而 4 英尺又 8.5 英寸正是電車所用的輪距標準。那麼，電車的標準又是從那裏來的呢？最先造電車的人以前是造馬車的，所以電車的標準是沿用馬車的輪距標準。馬車又爲什麼要用這個輪距標準呢？英國馬路轍跡的寬度是 4 英尺又 8.5 英寸，所以，如果馬車用其他輪距，它的輪子很快會在英國的老路上撞壞。

這些轍跡又是從何而來的呢？從古羅馬人那裏來的。因爲整個歐洲，包括英國的長途老路都是由羅馬人爲他的軍隊所鋪設的，而 4 英尺又 8.5 英寸正是羅馬戰車的寬度。任何其他輪寬的戰車在這些路上行駛的話，輪子的壽命都不會很長。

羅馬人爲什麼以 4 英尺又 8.5 英寸爲戰車的輪距寬度呢？原因很簡單，這是牽引一輛戰車的兩匹馬屁股的寬度。

故事到此還沒有結束。美國太空梭燃料箱的兩旁有兩個火箭推進器，因爲這些推進器造好之後要用火車運送，路上又要通過一些隧道，而這些隧道的寬度只比火車軌道寬一點，因此火箭助推器的寬度是由鐵軌的寬度所決定的。

所以，最後的結論是：路徑依賴導致美國太空梭火箭助推器的寬度竟然是 2000 年前兩匹馬屁股的寬度所決定的。

②培訓師組織組員進行問題討論。

遊戲思考：

你認爲問題產生的原因是什麼？

你如何看待人思維僵化的後果？

你通常如何識別問題產生的原因？

二、分析能力遊戲

建造房子

遊戲目的：

增強組員的談判、溝通、分析、時間管理能力。

開拓組員思維，提升分析問題的能力。

遊戲內容：

遊戲人數：20人，5人一組。

遊戲時間：70分鐘。

遊戲場地：教室。

遊戲用具：每組一盒紙制小房子模版(8張/盒)，一張A3白紙，一卷透明膠。

遊戲步驟：

①培訓師給每組發一盒紙制小房子模版、一張A3白紙、一卷透明膠。培訓師告訴大家，需要在30分鐘裏完成小房子的製作並粘在白紙上。

②要完成房子的造型設計、起名字、名字的來由、策劃方案的設計的思路，策劃一個小的房地產廣告並由小組成員一起表演。

③要求組長做好小組內成員分工，以便在規定時間內完成所有項目。

④ 30分鐘後，請各個小組表演策劃的小廣告。

⑤培訓師做簡單點評後，告訴大家，因爲市場環境的變化，現在4個小組所起的名字要統一爲一個，現在需要由各組派出一名談判高手出來談判。談判必須要在30分鐘內結束。各小組討論10分鐘，以便確定談判方案。

⑥談判過程中，培訓師可根據形式設置障礙。如 15 分鐘內仍然無任何小組有明顯勝出優勢，可以讓談判停止，讓小組其他成員來點評，或者補充一點談判時間。

遊戲思考：

你是否讓自己的工作與其他成員充分配合？

在小組工作遇到阻力時，你是如何分析問題並解決問題的？

三、溝通能力遊戲

賭籌碼

遊戲目的：

體會談判的本質，學習如何在談判中建立信賴關係。

讓組員掌握溝通技巧。

遊戲內容：

遊戲人數：8 人。

遊戲時間：30～40 分鐘。

遊戲場地：教室。

遊戲用具：每人一隻裝有 7 個籌碼的信封，籌碼共 5 種顏色，分別爲黃、紅、藍、綠、白，每人 10 元（組員自己準備）。

遊戲步驟：

①培訓師宣佈「這是一個真正的談判，而不僅僅是一個遊戲」。它需要每個參與者投資真實的 10 元錢。

②培訓師將裝籌碼的信封發給每一參與者。這是他們在整個遊戲中所能使用的全部資源。任何人不可再用別的錢或其他資源。

③利用你的資源與別人進行談判，談判過程中，你可以用錢

買其他人的籌碼，也可以用自己的籌碼交換他人的籌碼。

④整個遊戲分成 5 段，每段爲一個談判單元，每段時間爲 2 分鐘，段與段間隔半分鐘。

⑤在每一段中，你可以和一位其他參與者談判，以達到你的目標。每次談判的目標由你自己決定。在每段 2 分鐘的談判過程中，你都必須只和另外一位參與者單獨在一起談判，對方是你的談判對手。即使你們覺得最終協定無法達成，無事可做，也不許更換對手。

⑥在每場間隔的半分鐘期間，不允許交談。在這個階段，每個參與者應分析情況，分析各類顏色籌碼的供求，設想你的目標及達到目標的策略，下段時間的談判人選等。

⑦整個活動(5 輪談判)結束之後，培訓師向獲得 20 分以上的參與者每分獎勵 1 元。得分 30 分以上的參與者將獲得「談判高手」稱號。

⑧計分標準：每個籌碼算 1 分，每 1 元錢算 1 分。

可得到 20 分以上的辦法：

A. 8 個任何同一種顏色的籌碼——20 分。

B. 9 個任何同一種顏色的籌碼——25 分。

C. 10 個任何同一種顏色的籌碼——30 分。

D. 10 個任何兩種顏色的籌碼，且每種顏色爲 5 個——20 分。

E. 12 個任何兩種顏色的籌碼，且每種顏色爲 6 個——0 分。

遊戲思考：

你得到了多少分，賠了還是賺了？你怎樣得到這個成績？

你覺得促使談判成功的最主要的因素是什麼？

你一開始確定的目標是怎樣的？在談判過程中你運用什麼溝通技巧實現目標？

盲人摸號

遊戲目的：

讓組員體會溝通的方法有很多。

當環境及條件受到限制時，要思考怎樣去改變自己，用什麼方法來解決溝通問題。

遊戲內容：

遊戲人數：14～16 人爲一組。

遊戲時間：30 分鐘。

遊戲場地：空地。

遊戲用具：攝像機、眼罩及小貼紙。

遊戲步驟：

①讓每位組員戴上眼罩。

②給了他們每人一個號，但這個號只有本人知道。

③讓小組根據每人的號數，按從小到大的順序排列出一條直線。

④全過程不能說話，只要有人說話或脫下眼罩，遊戲結束。

⑤全過程錄影，並在點評之前放給組員看。

遊戲思考：

你是用什麼方法來通知小組你的位置和號數？

溝通中都遇到了什麼問題，你是怎麼解決這些問題的？

你覺得還有什麼更好的方法？

四、行動能力遊戲

流星雨

遊戲目的：

培養組員的動手能力。

鍛鍊組員的行動力。

遊戲內容：

遊戲人數：不限，人數較多時，需要將組員劃分成若干個由 20 人組成的小組。

遊戲時間：20～30 分鐘。

遊戲場地：不限。

遊戲用具：每個組員 1 件可以扔的東西(比如乒乓球、飛盤、打了結的舊毛巾、釘在一起的舊報紙)。

遊戲步驟：

①讓每個組員參照道具中例子，找到一件可以扔的東西。

②每人手裏都有了！

③邀請 3 個志願者站在圓圈的中心，他們可以把手中的東西暫時放在自己原來的位置上。這 3 個志願者要背對背，站成一個緊密的小圓圈。

④告訴站在圓週上的組員們：「聽我數到 3 後，大家要把手中的東西一齊高高拋給這 3 個站在中間的人。」告訴站在圓心的 3 個人：「你們的任務是盡可能多地接住拋過來的東西。」

⑤大喊：「1，2，3，拋！」

⑥檢查 3 個志願者各接住了多少。可能會比你想像的要少得多，經常有人會一個都接不到。

⑦讓3個志願者回到原位，另外請3個組員站在中間，重覆前面的步驟，直到每個組員都已得到過一次站在中間的機會。

⑧重覆整個遊戲過程，告訴組員們這次他們需要打破自己先前的「接球」紀錄。

遊戲思考：

你認為該遊戲最有價值的一點是什麼？

你的行動力比別人如何？

盲人足球賽

遊戲目的：

提高組員解決問題的能力

提高組員的團隊行動力。

遊戲內容：

遊戲人數：16～24人。

遊戲時間：30～60分鐘；參加人數越多，所需的時間越長。

遊戲場地：比較大的遊戲場地。

遊戲用具：2 個足球(要用含氣量不足的足球，這樣每踢一下，球不會滾得太遠)，1把哨子，兩種顏色的蒙眼布。

遊戲步驟：

①留出2～3個人做監護員。監護員的任務是負責安全問題，同時兼任邊裁。把其他組員帶到場地中間，把他們分成2個人數相同的小組。注意，要求每個小組的總人數為偶數。

②每個組員在自己的小組內找一個搭檔。

③根據蒙眼布的顏色給兩個小組命名。如果你用黃色和綠色

的蒙眼布，那麼把一個隊稱爲黃隊，另一個隊稱爲綠隊。把黃色的蒙眼布發給黃隊，綠色的蒙眼布發給綠隊，確保每對搭檔拿到一塊蒙眼布。每對搭檔中只有一個人戴蒙眼布，另一個人不戴。

④告訴大家：「我們即將進行一場別開生面的足球賽。每對搭檔中，只有被蒙上眼睛的組員才可以踢球，他的搭檔負責告訴他向什麼方向走、做什麼。」

⑤詳細解釋遊戲規則：

要求那些被蒙上了眼睛的組員保持類似於汽車保險杠的姿勢——彎曲雙肘，手掌向外，手的高度與臉齊平。在發生意外碰撞時，這種姿勢有助於避免或減輕對身體上半部的傷害。負責指揮的組員不允許碰自己的同伴，只能通過語言表達指令。這場球賽中沒有守門員，每個隊踢進對方球門一個球得一分。培訓師是這場比賽的裁判。任何一隊進球後，都要把球拿回場地中間，重新開始比賽。不允許把球踢向空中，在任何時候，球都是在地面上滾動。如果某個組員踢了高球，裁判會暫停比賽，並把該組員罰下場半分鐘。如果球被踢出界了，裁判將負責將球滾回場地。除此之外，沒有其他的關於出界處理的規則。比賽一共進行 10 分鐘，中間休息，交換場地。

⑥宣佈完遊戲規則之後，讓兩個小組用投擲硬幣的方法選擇場地。場地定好後，把兩個球放在場地中間。然後吹哨，開始遊戲。用兩個球意味著比賽中每個隊一個球，各自爲多得分而奮鬥。

遊戲思考：

那些因素有助於最終取得勝利？

被蒙上眼睛的組員感受如何？

你所在的團隊行動力如何？

五、方法技巧遊戲

呼啦圈

遊戲目的：

讓組員學會通過技巧來解決問題。

考察組員的思考方法的能力。

遊戲內容：

遊戲人數：不限，人數較多時，需要將組員劃分成若干個由12～16人組成的小組。

遊戲時間：60分鐘以上。

遊戲場地：平地。

遊戲用具：每個小組2個大呼啦圈，1個碼錶，1個哨子。

遊戲步驟：

①把組員們分成若干個由12～16人組成的小組。

②讓每個小組都手拉手、面向圓心圍成一圈。

③等每個小組都站好圓圈、拉好手之後，任意選一個小組，讓其中兩個組員鬆開拉在一起的手，把兩個呼啦圈套在其中一個組員的胳膊上，讓這兩個組員重新拉起手。對其他小組做同樣處理。

④現在，讓各個小組沿相反方向傳遞兩個呼啦圈。爲了把呼啦圈傳過去，每個組員都需要從呼啦圈中鑽過去。兩個呼啦圈重新回到起點後，本輪遊戲結束。

⑤吹哨開始遊戲，同時開始用碼錶計時。

⑥第一輪遊戲結束後，祝賀大家成功完成任務，並通報各小組完成任務所用的時間。重新開始一輪遊戲，並告訴組員們這次

要求大家能更快一些。反覆進行 4～5 次呼啦圈傳遞，確保組員們知道他們需要一次比一次快。

遊戲思考：

你們在遊戲過程中碰到了什麼問題？你是怎樣分析問題的？

那些因素有助於成功完成遊戲？那些因素使完成任務變得更加困難？

加油站競爭

遊戲目的：

培養組員的創造性思維。

培養組員解決問題的能力。

遊戲內容：

遊戲人數：偶數人數。

遊戲時間：100 分鐘以上。

遊戲場地：教室。

遊戲用具：紙、筆。

遊戲步驟：

①組成 4～6 人的若干小組，小組的總數必須爲偶數。

②然後每兩組配對，彼此作爲競爭對手。假設每個小組正在經營一家汽車加油站。

③請各組分別給自己的加油站命名，報知培訓師。

④配對的加油站假設都處在同一城市，而且坐落在同一條公路交叉的兩側，彼此相對而居。他們爭取著同樣的顧客──過往的車輛。

⑤競爭對手們在教室中各自集中的地點應儘量相隔遠一點，以免討論經營策略時被對方有意無意地「竊聽」去。

⑥各加油站定期決定下一週的油價。

⑦第一階段競爭。此階段的特點是兩對手之間互不往來，彼此不通氣，各自關門決策。這一階段可包括若干調價週期(多可 8 輪)。每一週期給各加油站 3 分鐘時間討論並做出定價決策。決策結果寫在紙上呈交裁判(講師)，集中公佈。待此階段各輪競賽結束，裁判總計銷售額，裁定：各對競爭者的優勝方，(兩加油站)合計銷售額最高的一對競爭者，全階段銷售額的前三名。

⑧第二階段競爭。方式與第一階段一樣，唯一不同在每一決策前，各站派出一代表，與對手方面的代表做短期私下接觸溝通，談判協調行動，達到定價默契的可能性。名次裁決同前。

遊戲思考：

第一、第二階段競爭有何不同？在這兩階段，各有何經驗教訓？

最理想的競爭方法是什麼？

六、學習能力遊戲

踢足球

遊戲目的：

增強組員的學習興趣。

培養組員在執行過程中的學習能力。

遊戲內容：

遊戲人數：6 個人一個小組爲最佳。

遊戲時間：15 分鐘。

遊戲場地：平坦的空地。

遊戲用具：每組一個球門(可用特定物體代替球門門柱)，一個足球。

遊戲步驟：

①培訓師把球門及足球發給小組，球門與射球的地方相隔 8 米。

②給小組 10 分鐘的練習時間，之後進行比賽。

③每組要射門 10 個球，每人至少要有一次射門機會。

④進球最多的小組為勝組。

遊戲思考：

你們小組是否有這方面的技巧，如果有成員在這方面比其他成員更有優勢，那麼這些成員怎樣教他人也具備這方面的技巧？

不善執行這一任務的組員們，你們當時怎樣想的，自己用什麼方法來完成任務，是否有學習的慾望，向其他組員學習有沒有障礙，這些障礙是什麼？

記憶關鍵字

遊戲目的：

讓組員瞭解學習與記憶的關係。

提升組員的學習能力。

遊戲內容：

遊戲人數：10～20 人。

遊戲時間：15 分鐘。

遊戲場地：教室。

遊戲用具：無

遊戲步驟：

①通過關聯法來學習、認識大多數事物。這項練習會提供一個簡單快速記憶 10 個關鍵字的方法。爲簡便起見，以教室作爲聯繫物。

②先給教室的每堵牆和每個角落指定一個數字。如 1、3、5、7 爲角落，2、4、6、8 爲牆，地板爲 9，天花板是 10。講師和組員一起一遍遍復習數字的指向。如「這堵牆是幾？」直到組員準確記住 10 個數字的指向。

③給每個數字指定一個具體事物：

1(角落)——洗衣機，6(牆)——青蛙，2(牆)——炸彈，7(角落)——小汽車，3(角落)——公司職員，8(牆)——運貨車，4(牆)——藥，9(地板)——頭髮，5(角落)——錢，10(天花板)——瓦片。

④爲了快速有效地記住每個指定的具體事物，非常有必要賦予每個事物一個不尋常的、傻乎乎的、甚至是過分誇張的視覺效果。比如：「1 是一台很大的，足足有 10 米高的洗衣機。它正在洗衣服，弄得到處是水。」而組員必須去想像這個情景。「2 呢，假想那堵牆坍塌了下來，因爲有一枚炸彈爆炸了。」「3 呢，看！一個 2 米高的公司職員戴著一頂可笑的白帽子，從那個角落朝我們走了過來。」……就這樣，賦予每個數字和事物以視覺效果。

⑤當組員通過這個方法有效記住 10 個相互之間毫無關聯的事物後，培訓師總結：「把記憶方法收入你的記憶庫中。下次當你要回想起那 10 個關鍵字時，就想想你在這個房間每堵牆，每個角落，天花板和地板上所看到的那些誇張的景象。記住，你設想的

東西越有趣，你以後越能輕易地回想起來。」

遊戲思考:

運用這種方法你覺得對提高記憶力有用嗎？

除了這種方法，你還會那些提高記憶力的方法？

心得欄 ------------------------------

第 12 章

問題解決的案例介紹

一、案例①：減少銷售退貨與折讓次數

1. 現況分析

銷售退貨與折讓的發生，情況比較複雜，爲利於進一步分析原因，在小組成立後，立即收集過去三個月(2008 年 5～7 月)的銷售退貨與折讓數據，結果如表 12-1、圖 12-1 和圖 12-2 所示。

表 12-1　銷售退貨與折讓金額及次數統計表

2008 年 5～7 月

項目 ＼ 月份	5 月	6 月	7 月	合計
銷售金額(萬元)	23905	50668	45905	120478
退貨與折讓金額(萬元)	4227	2325	3256	9808
比率(%)	18	4.6	7	8.14
次數(次)	52	53	54	159

圖 12-1 銷售退貨與折讓佔銷售金額比率圖

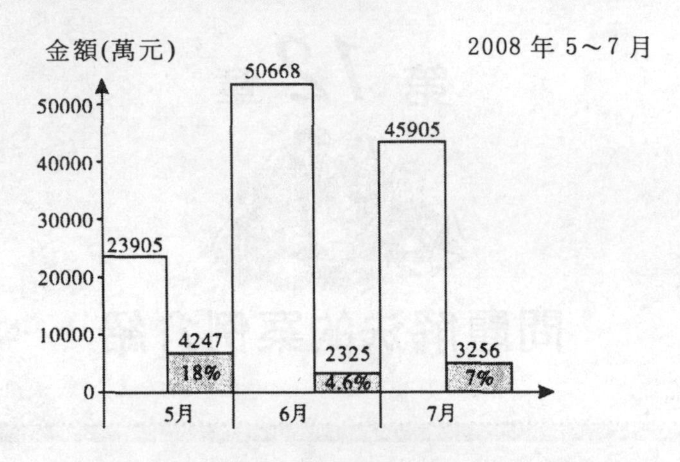

圖 12-2 銷售退貨與折讓次數推移圖

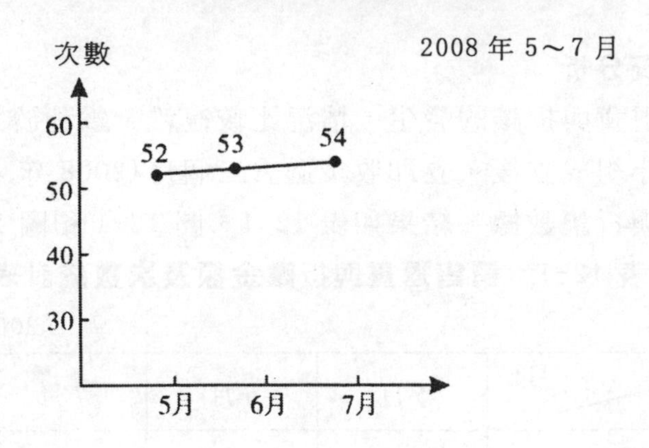

2. **目標設定**

在半年內，將銷售退貨折讓次數由目前的每月 50 次降低至一半的水準，即 25 次，希望長期控制在 10 次以下。

3. **要因分析**

(1)項目小組成員以 KJ 法找出發生退貨與折讓的可能原因，製作出「銷售退貨與折讓特性要因圖」(如圖 12-3 所示)。

圖 12-3　銷售退貨與折讓特性要因圖

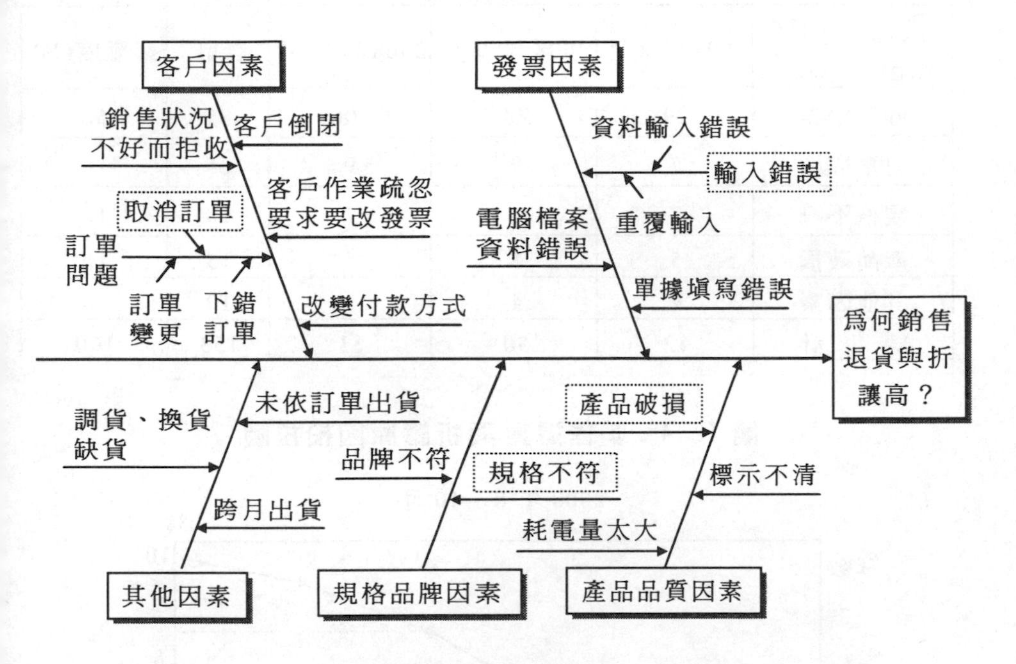

(2)繼續收集 2008 年 8 月至 2008 年 10 月的資料，並利用「銷售退貨與折讓原因查檢表」進行點檢，結果如表 12-2 所示。

(3)將「銷售退貨與折讓原因查檢表」所得資料進行柏拉圖分析，如圖 12-4 所示，得知造成銷售退貨與折讓的主要原因為「發票因素」、「客戶因素」及「規格品牌因素」，此三因素佔所有原因的 84%。

表 12-2 銷售退貨與折讓原因查檢表

2008 年 8～10 月

原因＼月份／次數	2008 年 8 月	2008 年 9 月	2008 年 10 月	合計	影響度(%)
輸入錯誤	29	28	28	85	56
訂單取消	7	9	9	25	16
規格不符	7	4	7	18	12
產品破損	5	5	5	15	10
其他因素	4	4	2	10	6
總　計	52	50	51	153	100

圖 12-4 銷售退貨與折讓原因柏拉圖

2008 年 8～10 月

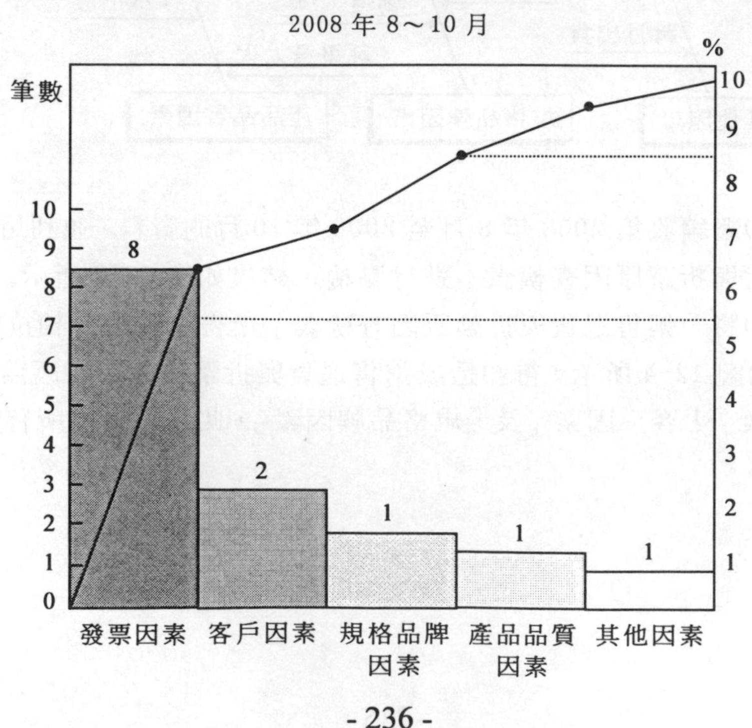

圖 12-5　銷售退貨與折讓原因對策圖

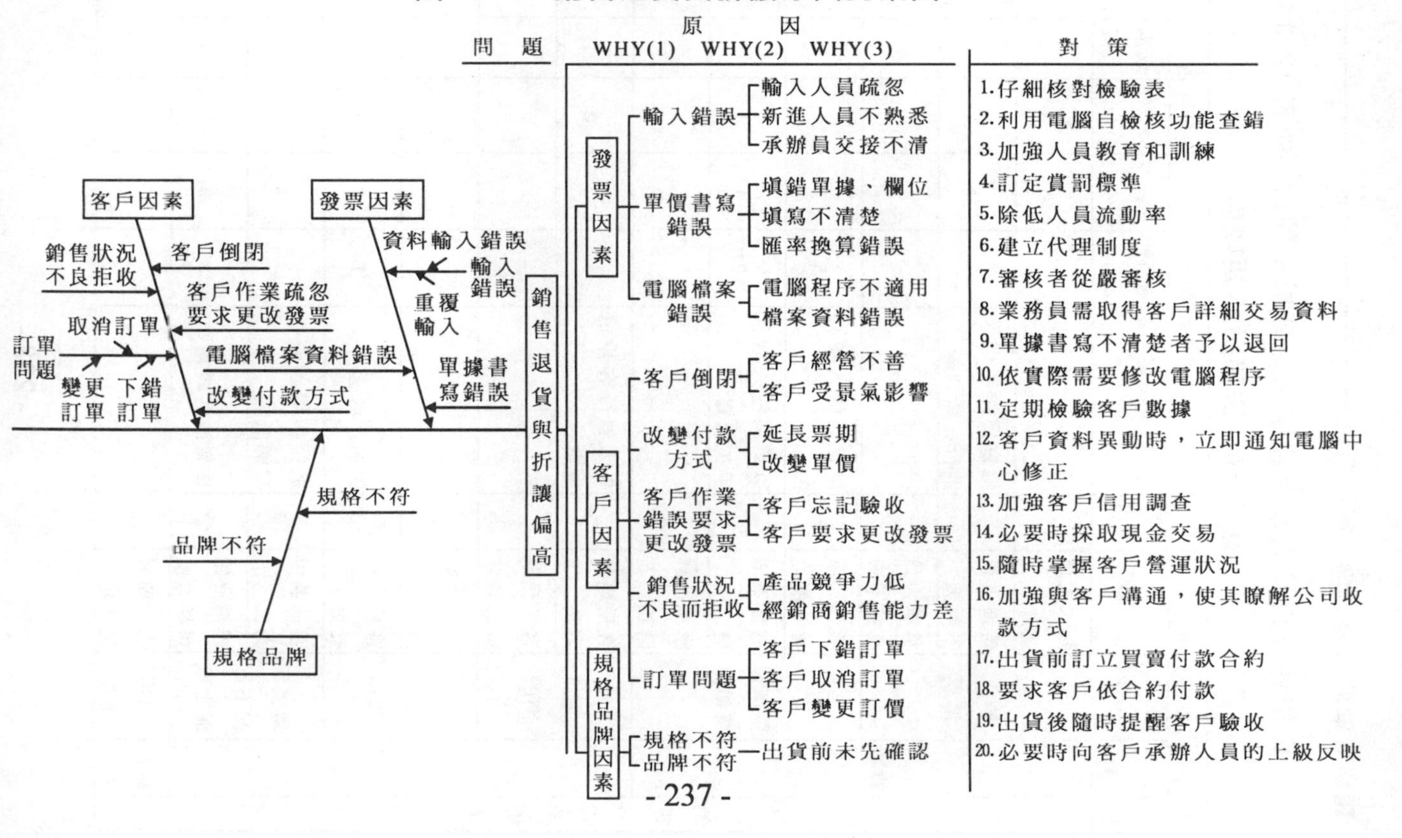

⑵依據分析後的原因製作決策分析矩陣圖，如表 12-3 所示。

表 12-3　決策分析矩陣表

問題點	原因分析			確認要因	對策擬定	決策分析					
	一次因	二次因	三次因			效益性 400%	掌握性 15%	時效性 15%	成本 30%	合計 100%	評估
為何銷貨退貨和折讓偏高	發票原因	輸入錯誤	輸入人員疏忽	×							
			新進人員不熟悉	○	編寫操作手冊及進行在職訓練	4	5	5	5		1
			承辦人員交接不清	×							
		單價書寫錯誤	填錯單據、欄位	○	以電腦輸入並列印	5	1	1	2		3
			填寫不清楚	○	以電腦輸入取代手工填寫	5	1	1	2		3
			匯率換算錯誤	×							
	客戶因素	客戶倒閉	客戶經營不善	○	專人執行客戶信用調查	4	2	2	1		5
			客戶受景氣影響	×							
		訂單問題	客戶下錯訂單	×							
			客戶訂單變更	○	與客戶溝通	1	2	4	4		5
		銷售狀況不好而拒收	產品競爭力低	○	進行市場調查，瞭解原因	3	3	2	3		2
			經銷商銷售能力差	○	重新篩選經銷商	2	4	3	3		4
	規格因素	規格不符	出貨前未先確認	×							

⑶依據決策矩陣分析後的結果，制訂行動計劃表，如表 12-4 所示。

表 12-4　行動計劃表

問題點：銷售退貨與折讓偏高									目標設定：每月銷售退貨次數下降 50%									
行動計劃期間：2008 年 10 月 1 日至 2009 年 1 月 31 日																		
月份	10 月				11 月				12 月				1 月				負責人	成本
決策事項　週別	1	2	3	4	5	6	7	8	9	10	11	12	13	14	15	16		
編寫操作手冊及進行在職訓練																	財務部	
進行市場調查，瞭解原因																	業務部	
以電腦輸入取代手工填寫																	信息部	
以電腦輸入並列印																	信息部	
重新考評經銷商																	業務部	
專人負責徵信調查																	財務部	
與客戶溝通																	業務部	

5. **效果確認**

⑴項目小組在改善對策實施後，將改善前與改善後的銷售退貨與折讓次數作了推移圖來比較改善情形，如圖 12-6 所示。

圖 12-6　銷售退貨與折讓次數推移圖

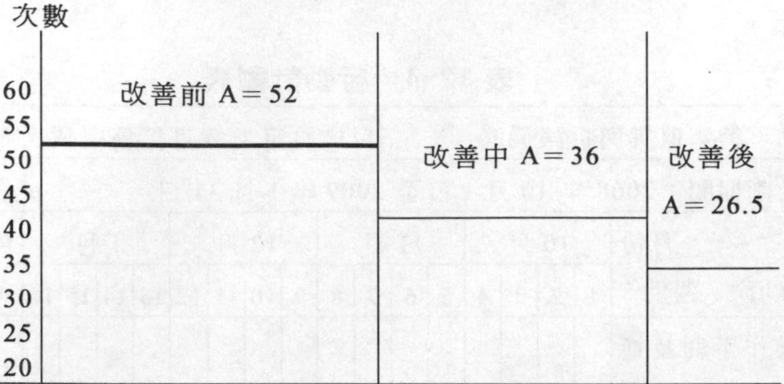

次數

60
55
50
45
40
35
30
25
20

改善前 A＝52

改善中 A＝36

改善後 A＝26.5

月份	5月	6月	7月	8月	9月	10月	11月	12月	1月	2月	3月
筆數	52	53	54	52	50	51	43	36	30	26	27
平均值	52					36				26.5	

二、案例②：降低交貨產品混裝比率

1.上期活動成果追蹤

⑴主題：降低 MB99182 卡扣不良率。

⑵活動期間：2005 年 5 月 6 日至 8 月 16 日。

⑶目標：產品混裝比率下降 7%。

⑷成果追蹤：達成率為 115.24%。

2.本期主題選定

⑴主題評價，如表 12-5 所示。

⑵活動主題選取理由：

①影響線上組裝。

②浪費過多人力進行篩選。

表 12-5　QC story 主題評價表

主題	效益性	可行性	圈能力	總分
1.降低模具損壞率	37	36	31	104
2.減少夜間交貨次數	39	39	36	114
3.降低 A 公司交貨產品混裝比率	37	41	39	117
4.提升包裝容器(台車鐵架)週轉率	32	31	29	92

註：以上以 5 分法投票表決。

3.活動計劃

表 12-6　QC story 活動計劃

月份 活動步驟　週別	1月				2月				3月				4月				5月				6月				7月				負責人
	1	2	3	4	1	2	3	4	1	2	3	4	1	2	3	4	1	2	3	4	1	2	3	4	1	2	3	4	
主題選定																													王××
活動計劃																													王××
現況把握 (1 月 1 日～1 月 15 日)																													王××
目標設定 (1 月 15 日～1 月 28 日)																													周××
要因分析 (2 月 8 日～3 月 31 日)																													周××
對策實施與擬定 (4 月 1 日～5 月 10 日)																													鄭××
效果確認 (5 月 10 日～7 月 15 日)																													張×× 許××
本期活動檢討 (7 月 15 日～7 月 30 日)																													江×× 成××
下期主題選定 (7 月 15 日～7 月 30 日)																													江×× 成××

註：灰色部門為計劃情況、執行情況。

4.現況把握

⑴統計區間：2008 年 1 月 1 日至 2008 年 12 月 31 日。

⑵數據來源：供應商交貨品質匯總表（IQC 檢驗中心）。

表 12-7 供應商交貨品質匯總表

交貨總數量	315116	交貨總批數	2010
良品數量	301772	良品批數	1896
不良品數量	13344	不良批數	114
人爲疏失數量	4259	人爲疏失批數	39

圖 12-7 供應商交貨不良數量與批數百分比圖

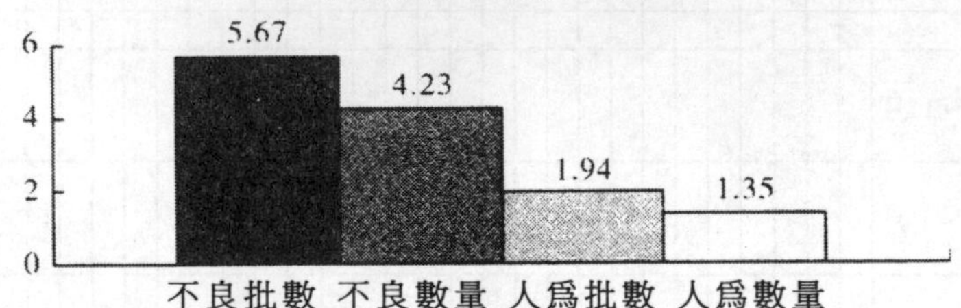

5.目標設定

⑴人爲疏失原因佔總不良批數比率：物與粘標不符佔 8%；混裝佔 9.47%；短裝佔 5.69%；有單無物佔 6.6%。

⑵每月設定一批不良，可從 1.94%降至 0.6%。

6.要因分析

針對物與標籤不符、產品混裝、產品短裝及有單無物進行特性要因圖分析，見圖 12-8。

圖 12-8　特性要因圖

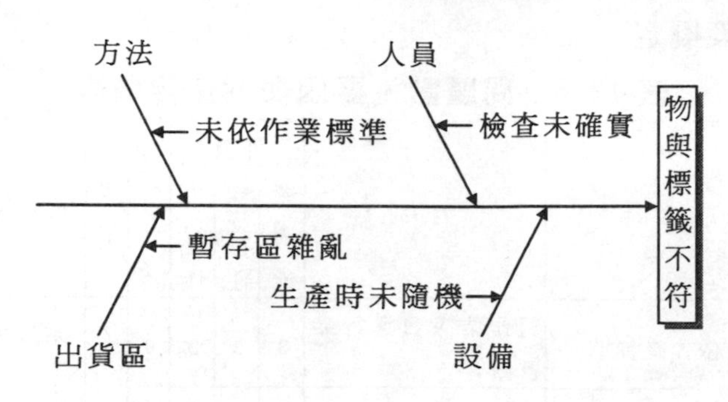
方法
人員
未依作業標準
檢查未確實
物與標籤不符
暫存區雜亂
生產時未隨機
出貨區
設備

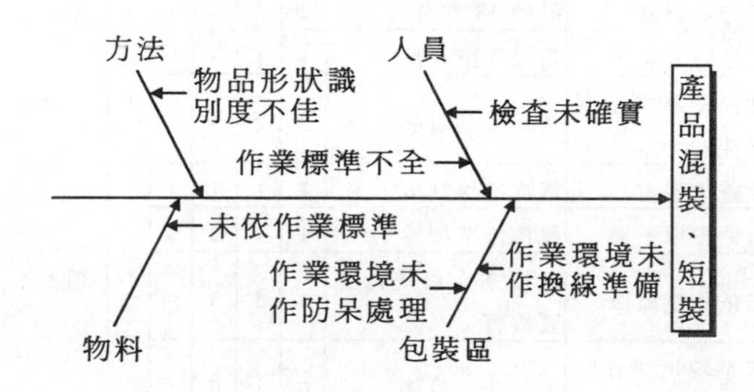
方法
人員
物品形狀識
別度不佳
檢查未確實
作業標準不全
產品混裝、短裝
未依作業標準
作業環境未
作換線準備
作業環境未
作防呆處理
物料
包裝區

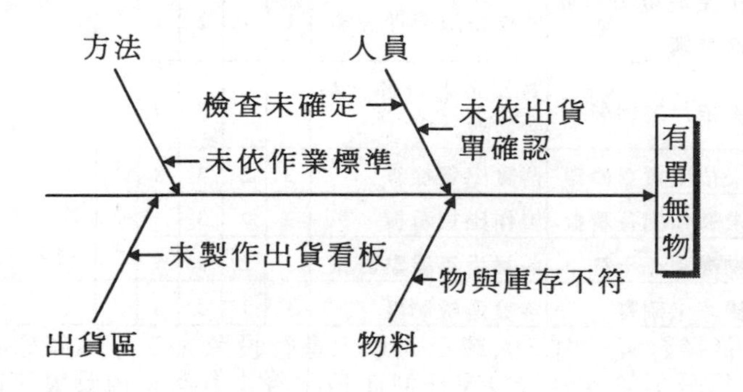
方法
人員
檢查未確定
未依出貨
單確認
未依作業標準
有單無物
未製作出貨看板
物與庫存不符
出貨區
物料

7. 對策擬定與實施

(1)對策擬定

表 12-8　問題點、要因與對策評價表

問題點	要因	對策	評價				選定	負責人	預定完成日期
			經濟性	效益性	可行性	合計			
物與標籤不符	未依作業標準	對作業人員進行品質教育	3	3	3	9	*	趙××	6月26日
	檢查未確實	落實巡檢制度	1	3	3	7			
	暫存區雜亂	推動 2S 教育	2	3	3	8	*	張××	6月26日
	生產時未隨機	調配作業人員	1	1	3	5			
產品混裝、短裝	物品形狀識別度不佳	製作樣品看板	2	2	3	7	*	王××	7月10日
	檢查未確實	落實巡檢制度	1	1	1	3			
	作業標準不全	製作作業標準	1	1	3	5			
	未依作業標準	對作業人員進行品質教育	3	3	3	9	*	趙××	6月26日
	作業環境未作防呆處理	製作防呆設施	0	1	0	1			
	作業環境未作換線準備	製作換線管理設施	1	1	2	4			
有單無物	未依作業標準	對作業人員進行品質教育	3	3	3	9			
	未依出貨單確認	落實出貨檢查	3	2	3	8	*	吳××	6月26日
	未製作出貨看板	製作出貨看板	2	2	3	7	*	張××	7月10日
	物與庫存不符	落實半年盤點計劃	1	2	2	5	*	周××	7月10日
	檢查未確實	落實巡檢制度	1	1	3	5			

說明：1.選擇對策：由三人或三人以上進行投票，三分爲滿分。
2.得分低於 6 分(含)或任何 1 項出現 1 分者，放棄實施該對策。

(2)對策實施。

表 12-9　問題點、要因與對策實施表

問題點	要因	對策擬定	對策實施
物與標籤不符	未依作業標準	對作業人員進行品質教育	線上懸掛作業標準，並依其於6月26日確認實施
	暫存區雜亂	推動2S教育	暫存區依產品規格別排列整齊，於6月26日確認實施
產品混裝、短裝	物品形狀識別度不佳	製作樣品看板	樣板於7月10日確認完成
	未依作業標準	對作業人員進行品質教育	線上懸掛作業標準，並依其於6月26日確認實施
有單無物	未依作業標準	對作業人員進行品質教育	線上懸掛作業標準，並依其於6月26日確認實施
	未依出貨單確認	落實出貨檢查	產品每批出貨前皆經品管檢查，6月26日確認實施
	未製作出貨看板	製作出貨看板	樣板於7月10日確認完成

8. 效果確認

針對本組所擬定對策，於每月減少人為疏失，目標設定降至0.6%。

表 12-10 供應商交貨品質匯總表

資料來源：供應商交貨品質匯總表(IQC 驗收中心)						
項次 月份	改善前實績			改善後實績		
	交貨批數	不良批數(人爲疏失)	不良率	交貨批數	不良批數(人爲疏失)	不良率
1 月	131	5	3.82%	168	1	0.60%
2 月	105	0	0.00%	91	0	0.00%
3 月	242	4	1.65%	98	0	0.00%
4 月	154	2	1.30%	109	1	0.92%
5 月	155	1	0.65%			
6 月	162	1	0.62%			
7 月	148	2	1.35%			
8 月	191	3	1.57%			
9 月	179	2	1.12%			
10 月	182	4	2.20%			
11 月	237	12	5.06%			
12 月	124	5	4.03%			
平均			2.29%			0.43%

數據來源時間：改善前爲 2008 年 1 月 1 日至 2008 年 12 月 31 日；
改善後爲 2009 年 4 月 1 日至 4 月 30 日。

註：2009 年 1～3 月爲 QC 實施的初級階段。
2009 年 5 月因 ERP 尚無報表，故僅以 1～4 月實績呈現。

9. 成果比較

⑴有形成果。

①以批數來計算原人爲疏失比例平均爲 2.29%，今降爲

0.43%。

②目標達成率＝(2.29－0.43)÷2.29×100%＝81.2%

(2)無形成果。

表 12-11　改善後無形成果統計表

評價項目	活動前		活動後		改善成果
	總分	平均分	總分	平均分	
QC 手法	50	5	80	8	3
團隊士氣	60	6	100	10	4
專業知識	50	5	80	8	3
品質意識	70	7	90	9	2
溝通協調	30	3	80	8	5

註：10 名 QC 成員參與評價，每人每項最高 10 分，最低 1 分。

10.本期活動檢討

因新系統 ERP 上線，部份報表尙無法即時呈現，故 5 月以後的數據目前未能提供完整。

11.下期主題選定

表 12-12　下期主題選定評價表

主題	效益性	可行性	圈能力	總分
1.回收利用部門各類紙張	40	42	40	122
2.提升維修採購交貨準時率	39	38	32	109
3.整理整頓部門辦公區域	48	42	43	133

註：以上以 5 分法表決，決定選擇「整理整頓部門辦公區域」作爲下期改善主題。

三、案例③：解決會議問題

欣欣高科技公司是一家開發電子元器件的高科技企業，主要開發和生產電子元器件。

黃劍是欣欣高科技公司總經理辦公室主任，主要協助公司總經理處理一些日常行政事物，以及代表總經理協調處理日常工作。

最近，總經理發現公司員工的工作效率不高，出現一些人浮於事的現象。而且每當出現問題時，各部門都通過開會解決，但很多問題在開會時總沒法很好地解決，即使在會議上達成的決議，往往也難以貫徹落實。

也有的主管認為，目前員工工作積極性不高、工作效率低。他聽到有些員工在抱怨工資低、工作量卻很大。也有的員工抱怨公司的管理水準差。

黃劍作為總經理辦公室主任，日常有大量的協調性的工作。因此，自然少不了要組織很多的會議，黃劍也覺得公司的會議效率很低，人員參與會議的積極性也不高。平時當需要開會時，總經理室負責行政事務的張曉會發一封電子郵件給相關參會人員，有時提前一天，有時候提前一個上午，當然也有緊急的情況，如提前二三十分鐘的。在郵件裏面，一般也會說明開會的原因以及個別注意事項等。

一般來說，在組織會議時，都希望人員能及時趕到會議地點。但事實往往不那麼盡人如意，經常是公司總經理都到了的時候，人員還來不齊。於是在預定時間到了的時候，黃劍便會焦急地清點人數，或者打電話給沒到的人員。所以會議很難準時開始。而且有人遲到很久，甚至有人無故缺席。公司總經理是一個不輕易發火的人，有時候他也覺得員工們都很忙，遲到一下好像也很正常。但黃劍在很多次類似情況發生的時候發覺總經理對遲到、缺席現象已開始露出不滿的神情。

公司的會議似乎已經落入和大部份公司一樣的俗套：一般是組織方開個場，然後是各部門主管人員各自說一通，最後是總經理發言。而參加會議的大部份人員似乎也習慣了只帶一對耳朵來開會的習慣，聽著一些主管講一些他們已經聽得可以背出來的臺詞。在會議過程中，時不時的一會兒張先生的電話響了，一會兒李先生和馬先生互相竊竊私語，一會兒有人起身上廁所……尤其當個別領導發言時，他往往岔開話題講一些與當時討論無關的話題。而來開會的人員似乎更喜歡看一些主管互相爭論的場景，因為在部門主管中總有幾對主管似乎性格不對路，往往會為了一些小事爭得面紅耳赤，似乎是這會議最讓他們提起精神的一件事。

在黃劍的記憶中，一般只要會議人員的屁股一落在會議室的椅子上，至少會耗去大家近 2 個小時的時間，大家似乎也已經習慣了這種方式，有的主管會自己泡一壺茶過來。黃劍有時想，他們有的人來遲的原因之一可能就是因為泡茶耽擱了時間。一般在會議最後，是由參加會議中級別最高的主管發表一下最後講話，講完話後，黃劍宣佈會議結束，會議也就這樣結束了。

有一天，公司總經理把黃劍叫進辦公室，要他調查一下公司目前存在的問題，並拿出具體的解決辦法。

現在，請讀者進行一個角色扮演，假設你就是黃劍，該怎麼辦？當你接到這個任務時，相信內心深處一定會有如下的困惑：

• 我們的問題到底在那兒？

・員工的工作效率爲什麼不高？

・會議中存在這麼多的問題，從那個問題先入手好？

・員工的積極性爲什麼不高？

・我們的薪酬真的不具有競爭力？

・這些問題到底是如何產生的？

・我們的管理人員都不懂怎麼開會？

・有些問題怎麼一直得不到很好的解決？

・員工都不願意開會？

・公司的管理人員紀律意識很差，怎麼辦？

・是不是需要加強考核？

・會議中存在的這些問題能否得到解決？

對你來說，需要借助團隊的力量來解決面臨的問題。因此，首先需要組建一個團隊，然後是培養團隊成員建立正確解決問題的思維。現在你需要召集一個主要骨幹人員的宣貫會議，從思想上先達成共識。

思維解決問題的遊戲

19.不可信的廣告

一個人在廣告裏看到了一款自行車的廣告，且每輛自行車的價格只有 50 英鎊，於是他就找到了那家商店，想買一輛。當售貨員推出一輛自行車給他時，他卻發現這輛自行車上少了車燈。售貨員告訴他，車燈並不包含在這輛車的價格裏，必須另付錢。

湯姆認為這是一種欺騙行為，可售貨員只簡單地說了一句，邁克便無話可說了。請猜猜到售貨員說了一句什麼樣的話?

答案見 308 頁

（一）怎樣建立解決問題的基本思維

團隊第一次會議

會議主題：瞭解解決問題的主要思維，為正式進入問題的解決做好前期準備。

主持：黃劍

與會人：生產主管王成、採購部經理趙剛、研發中心肖明、市場推廣部經理劉全、人力資源部主管李涌濤、流程推進部孫磊

會議紀錄：王梅

會議地點：公司1號會議室

會議議題：

·瞭解解決問題的一般邏輯

·明確解決問題的階段劃分

·熟悉解決問題過程—細胞

·熟悉解決問題過程組—細胞群

·瞭解問題解決過程的重疊屬性

·理解問題解決的程序組

·樹立左腦分析+右腦決策的思維模式

·確立正式的解決問題的組織、流程、工具/方法

當大家三三兩兩地走進會議室的時候，你心裏要非常清楚：今天的會議更像是一次培訓，而不會討論具體的解決問題的細節。本次會議最重要的輸出是：建立一個正式的解決問題的組織，商討一些具體的解決問題的方法。遺留問題則是由該組織確立一個解決問題的流程。

黃劍帶領大家熟悉一下解決問題的思維，並借機成立了解決

會議問題的組織、流程以及一些方法等。

1.瞭解解決問題的一般邏輯

在解決問題時，要按照有效邏輯的思維一步步地往下推理，暫時拋棄傳統的面對情景時一貫採用的囫圇吞棗式的思維方式。

在傳統思維情況下，主要基於經驗進行模糊思考並迅速得出結論，而在系統的解決問題的邏輯思維中，需要從後面的情景分析、原因分析、決策分析、解決問題、評估問題四個階段展開。

表 12-13 可看出，我們很容易一氣呵成進入執行層面的工作，而只有在「認知是否有問題」這一環節是基本一致的。

表 12-13　傳統和系統解決問題的對比

步驟	傳統	系統
有沒有問題？	有	有
問題在那裏？	員工積極性不高 工作效率低 薪酬低 官僚主義 員工不遵守會議紀律 大家都很忙 會議沒有統一規劃	需要界定
為什麼存在？	薪酬低 管理人員素質低 人浮於事 沒有會議制度 沒有會議考核制度 會議效率低 會議主題不清晰 有些會議主題與參會人員無關	需要分析

續表

我們能做什麼？	對主管進行培訓 增加工資 裁員 建立會議制度 與考核掛鈎 罰款 加強培訓	需要規劃
我們應該做什麼？	裁員 加強管理 罰款 建立制度 培訓 增加工作任務	需要決策
我們應該怎麼做？	每個部門裁員 10% 提高會議效率，限定會議時間 增加每個部門工作任務	需要執行
問題解決了沒有？	沒有意識總結 看主管意見	進行對比 得出結論 收集內部客戶滿意度

這就是我們在面臨情景時需要進行的一個邏輯思維。當然，這僅僅是提供了一個邏輯，還不能真正意義上解決問題。我們可把它視同爲一個框架。告訴我們要真正解決好問題，需要有一個過程要走。具體到細節，需要從更專業的各個過程中得到答案。

2.建立解決問題階段劃分的思想

爲更清晰地解決問題，按照解決問題的階段劃分，需要將解決問題分爲界定問題、分析問題、解決問題、評估問題四個階段，每個階段都有輸入和輸出。當一個階段的工作沒有完成輸出時，則不能進入下一階段。這裏要特別注意的是，千萬不能急著想一步到達終點，而是要耐心地在紙上列出一個提綱，而提綱裏面最重要的就是一定要將解決問題的全過程分爲四大階段。

在界定問題階段，最終輸出一個最重要、最值得我們去解決的問題。在分析問題階段，最終輸出產生該問題的所有原因，並將這些原因分成表面原因、過渡原因和根本原因。

將問題的根本原因、過渡原因以及表面原因都找到之後，接著就是尋找對策，在解決問題階段，我們就要尋找方法，形成解決方案，並在一系列的解決方案中決策出一個最好的解決方案，然後付諸實施。將解決方案付諸實施之後，在評估問題階段，我們需要將實施後的結果與實施之前的結果進行對比，檢驗解決問題的效果，形成經驗和教訓。並評估是否需要解決另外一個問題。

本案例中，需要具備以上的思維，明確在每個階段的任務。

3.理解解決問題過程——細胞

提出、分析、對策、執行、評估，這是解決問題的細胞，不管在什麼時候，都需要我們激發細胞運作。

在解決問題過程中的任何時候，由「提出、分析、對策、執行、評估」幾個要素組成的細胞一直在活動。例如在一看到這個情景時，我們的頭腦就在開始思考：

「有什麼問題呢？」

「那個問題是最重要的呢？」

「爲什麼會出現這些問題呢？」

「看來要好好策劃一下」

「那個問題是主管最關注的呢？」

「那些問題是沒法解決的呢？」

「我們有沒有遇到過類似的問題呢？」

「這個問題太難辦了，估計我們目前沒法解決。」

「先進行一下人員培訓吧。」

「我們是否要請一個諮詢公司來幫助診斷一下。」

「關於會議的問題已經解決過，但一直效果不好。」

以上的疑問，可形成如表 12-14 的比較典型的解決問題細胞：

表 12-14　解決問題的細胞

提出	會議有什麼問題呢？
分析	那個問題是最重要的呢？
對策	看來要好好訪談一下。
執行	（自己實施的每個動作其實就在執行，那怕是思考這個動作。）
評估	那個問題點是主管最關注的呢？

其實無論在傳統的思維還是規範地解決問題，以上的這些思維都是存在的，而且都是需要的。不過在規範解決問題的過程中，需要我們將這些思維活動進行一些必要的規範，而且有意識地強化提出疑問、分析情景、做出決策、然後執行，最後是進行評估。經過一系列的細胞活動，形成正式的界定問題、分析問題、解決問題和評估問題。

4.解決問題過程組——細胞群

在整個解決問題的過程中，如果都是一些細胞在做無規則的運動，或者說細胞本身是在做一些有規則的運動，如果我們不去進行一些整理和歸納，那整個過程就會變得混亂和無序。在這些細胞中，雖然其組成的要素都是「提出、分析、對策、執行、評估」，但是每個細胞卻是不同的，在這這些不同的細胞中，總有那麼一些細胞具有一定的相似性，如一些細胞主要目的是界定問題，那麼就形成了界定問題的細胞群；如一些細胞主要目的是分析問題，那麼就形成了分析問題的細胞群；如一些細胞主要目的是解決問題，那麼就形成了解決問題的細胞群；如一些細胞主要目的是評估問題，那麼就形成了評估問題的細胞群。因此，我們在思維整個解決問題的一些細胞最後形成解決問題的過程組，它們分別是：界定問題過程組、分析問題過程組、解決問題過程組和評估問題過程組四個解決問題過程組。

本案例中，我們要有解決問題過程組的思想，對於一些疑問，需要將其一一歸類到過程組中形成如表12-15和表12-16的細胞。

表 12-15　細胞一

提出	會議有什麼問題呢？
分析	那個問題是最重要的呢？
對策	看來要好好訪談一下。
執行	（自己實施的每個動作其實就在執行，那怕是思考這個動作。）
評估	那個問題點是主管最關注的呢？

表 12-16　細胞二

提出	還有什麼問題呢？
分析	問題一和問題二那個更容易解決呢？
對策	應該將問題點一和問題點二比較一下。
執行	（自己實施的每個動作其實就在執行，那怕是比較這個動作。）
評估	比較的結果看來問題點一似乎更容易解決一些。

通過對比分析，不難發現，細胞一和細胞二都是在圍繞「界定」這一動作服務的，它們在一起就組成了界定細胞群，因此可

以把它們列入界定過程組。

這裏值得注意的是，類似的過程組在解決問題的任何一個階段都存在，而不僅僅是在界定問題階段。

5.瞭解問題解決過程的重疊屬性

在解決問題的每一個階段，提出、分析、對策、執行、評估這五個過程是相互滲透和交叉的。

在本案例中，當我們提出「還有什麼問題」時，其實本身就含有分析的動作，而將「問題一和問題二進行比較」這一對策的產生本身就是執行的結果。也就是說我們不能僵化地理解提出、分析、對策、執行、評估這五個過程。

思維解決問題的遊戲

20.銅幣和猴子

從前，有個生意人因為有急事要處理，就把自己的一袋金幣託付給一位朋友保管。幾個星期後，生意人回來了，朋友把口袋還給了他，當他回到家裏打開口袋後，卻發現金幣都變成了銅幣。

半年以後，那位朋友因為一些事情而要出門，就把自己的孩子託付給生意人照看。朋友走後，生意人買了一隻猴子，把小孩兒身上的衣服穿在猴子身上。朋友晚上回來時，生意人一臉真誠地說:「孩子已經變成了猴子。」朋友不肯相信，大聲地對生意人喊道:「人怎麼能變成猴子？你快把我的孩子還給我!」可這時的生意人卻只說了一句話，就使得朋友乖乖地交還了那袋金幣。

那麼，他到底說了一句什麼樣的話呢？

答案見 308 頁

6.**解決問題的程序組**

針對本案例，我們可以將分析的兩個細胞放進表 12-17 的過程組中。

表 12-17　解決問題的過程組

界定問題過程組	分析問題過程組	解決問題過程組	評估問題過程組
・有什麼問題呢？ ・那個問題是最重要的呢？ ・看來要好好訪談一下。 ・（自己實施的每個動作其實就在執行，那怕是思考這個動作。） ・那個問題點是主管最關注的呢？			
・還有什麼問題呢？ ・問題一和問題二那個更易解決呢？ ・應該將問題一和問題二比較一下。 ・（自己實施的每個動作其實就在執行，那怕是比較這個動作。） ・比較的結果看來問題點一似乎更容易解決一些。			

7.**建立左腦分析+右腦決策的思維**

要想很好地解決本案例中存在的問題，需要我們左腦和右腦並用。千萬不能單純靠右腦決策，而應該右腦基於左腦的數據和分析進行決策。在本案例中，很容易讓我們陷入右腦決策的信息，如：「也有的主管認爲，目前員工工作積極性不高、工作效率低。他聽到有些員工在抱怨工資低、工作量卻很大。也有的員工抱怨公司的管理水準差。」假如提出該疑問的人員是公司地位比較強勢的主管，那我們就很容易相信他所說的話，於是作出一個基於該主管所講的話進行決策。這樣的決策容易讓我們陷入偏失。

針對本案例，我們其實可以收集一些數據，如：

- 我們的薪酬水準和其他公司的對比數據
- 各部門的人數和工作用時數據
- 員工訪談
- 過去一段時間公司所有組織過的會議
- 所有這些會議的會議時間
- 這些會議出勤統計
- 會議決策內容
- 所有這些會議是否有遺留問題
- 這些遺留問題的跟進情況

數據出來後，我們可以根據這些過去的數據作出一些判斷。

8.建立解決問題的組織和流程，並帶領團隊思考採用那些工具和方法

⑴組建一個解決問題的組織

如果沒有一個具有較強影響力的組織，相信難以解決好。本案例中所描述的問題，估計大家都已經司空見慣，甚至已經到了麻木的地步，也有不少員工抱怨說：這是系統的問題。當一說是系統的問題時，似乎大家都沒責任了。有責任的看來似乎只有一個人：那就是公司的最高主管。

因此，要解決棘手的問題，需要有較強的解決問題的組織，有必要的話可以專門成立一個解決該問題的部門，如果只想解決小問題，則不需從組織上進行大的改變，但至少也得成立一個解決問題的小組，人員的多少可以靈活掌握。

本案例中，想解決黃劍所在公司的大問題，讓總經理滿意，那組織上就得保證，先建立一個強勢的解決會議問題的小組。

表 12-18　解決會議問題的組織

角色	人員姓名	職責	備註
組長	黃劍	・組建解決會議問題團隊 ・帶領團隊找出會議中存在的問題 ・組織對團隊成員進行相關培訓 ・帶領團隊拿出解決會議問題的方案 ・帶領團隊執行方案 ・帶領團隊評估解決方案 ・向公司主管定期彙報解決進展	
秘書	王梅	・會議組織 ・會議紀錄 ・人員通知 ・協助組長督辦相關事項	
流程檢驗員	孫磊	・確保解決問題按照流程運作	流程推進部主管
成員	王成 趙剛 肖明 劉全 李涌濤	・找出公司目前存在的問題 ・接受相關的培訓 ・拿出解決會議問題的解決方案 ・執行方案 ・評估解決方案	生產主管 採購部經理 研發中心 市場推廣部經理 人力資源部主管

當有了一群人之後，接下來的工作就是需要將這一群人轉變成一個團隊。讓每一個人在不同的崗位上發揮自己的能力。而建立一個大家共同遵守的流程是保證一個團隊快速達成目標的基本保證。

⑵建立一個解決問題小組遵循的流程

建立一個問題解決小組所有成員共同遵循的流程是最後完成解決問題的保證。流程解決的是：誰在什麼時候做什麼事，以及對應的範本等。解決會議問題的團隊可遵循如表 12-19 所示的解決問題流程。

表 12-19　解決問題流程

界定問題	分析問題	解決問題	評估問題
描述問題情景 情景分析 問題選擇 評估及下一步工作	決策分析 分析問題 評估及下一步計劃	尋找方法 規劃方案 決策方案 執行方案	確認問題是否解決 評估解決結果 分享解決問題成果 決定下一個目標

⑶解決問題小組所採用的方法和工具

解決問題的方法有很多，小組可根據實際情況選擇。

目前，在應用於解決問題的工具/方法有 QC 七法、SWOT 分析法、腦力激盪法等。

9.制定下一步的行動計劃

爲了保證解決問題團隊有一個統一的行動計劃，會議決定由流程檢驗員孫磊協助黃劍在 2 天內拿出一個端到端的解決問題計劃。

本次會議，主要對問題解決小組成員進行了一些解決問題思維的培訓，尤其是初步建立了問題解決團隊，以及一個團隊成員遵循的流程框架、團隊成員共同使用的方法等。

此外，本次會議還有一個比較重要的輸出，就是由黃劍輸出一個解決問題的端到端的計劃，以便團隊成員在今後的工作中有一個共同的行動計劃。

本次會議有一個遺留問題，那就是輸出如表 12-20 所示的完成解決問題端到端計劃。

表 19-20　會議遺留問題

序號	事項	責任人	計劃完成時間	當前狀態	協助人
1	完成解決問題端到端計劃	黃劍	2009 年 3 月 5 日	OPEN	孫磊

經過與團隊成員充分討論，在孫磊的協助下，黃劍在 3 月 5 日前按時輸出了解決問題的行動計劃——表 12-21。

表 12-21　欣欣高科技公司問題解決小組行動計劃

主任務	子任務	責任人	輸出件	計劃完成時間	參與人
組建團隊	1. 收集人員信息 2. 組織會議	黃劍 黃劍	人員清單 解決問題團隊 解決問題流程、方法、行動計劃	2009-3-2 2009-3-5	王梅、孫磊 王梅、孫磊
界定問題	3. 描述情景 4. 分析情景 5. 陳述問題 6. 選擇和界定問題 7. 制定計劃	劉全 李涌濤 肖明 黃劍 王梅	情景描述清單 情景問題清單 問題陳述清單 界定一個問題 行動計劃	2009-3-7 2009-3-8 2009-3-9 2009-3-11 2009-3-13	所有成員

續表

分析問題	8. 收集信息找原因 9. 分析根本原因 10. 制定計劃	劉全 劉全 孫磊	問題信息表 根本原因 行動計劃	2009-3-14 2009-3-14 2009-3-15	所有成員
解決問題	11. 尋找方法 12. 規劃方案 13. 決策方案 14. 執行方案	趙剛 孫磊 黃劍 黃劍	方法列表 方案 執行方案 進度表	2009-3-15 2009-3-15 2009-3-15 2009-6-1	所有成員
評估問題	15. 評估解決結果 16. 確定下一步計劃	孫磊 黃劍	評估表 界定新問題	2009-6-9 2009-6-19	所有成員

註：本計劃僅作形式參考，大部份工作只分解到 WBS(工作分解)1/2 級。

10.解決問題基本思維階段小結

現在，可以對本階段的工作進行一個總結，如表 12-22。

表 12-22　階段總結

解決問題的思維	主管指示	聽取指示	・任務：解決目前存在的問題
	員工意見	相關員工進行訪談	・各種回饋信息
	會議討論	組織會議	・會議紀要 ・組建解決問題團隊及職責 ・解決問題流程 ・解決問題方法 ・下一步的行動計劃

（二）如何界定問題

團隊第二次會議

會議主題：界定欣欣高科技公司面臨的問題。

主持：黃劍

參會人員：問題解決小組全體成員

會議紀錄：王梅

會議地點：公司 1 號會議室

會議議題：

· 回顧第一次會議所達成的事項

· 明確問題界定階段的任務

· 按照界定問題階段的活動界定本案例的問題

1. 回顧第一次會議所達成的事項

通過第一次會議，確立了解決問題的組織、流程以及團隊採用的方法。而且在會後輸出了如表 12-23 的行動計劃。

表 12-23　行動計劃

主任務	子任務	責任人	輸出件	計劃完成時間	參與人
組建團隊	1.收集人員信息 2.組織會議	黃劍 黃劍	人員清單 解決問題團隊 解決問題方法 解決問題行動	2009-3-2 2009-3-5	王梅、孫磊 王梅、孫磊

續表

界定問題	3.描述情景 4.分析情景 5.陳述問題 6.選擇和界定問題 7.制定計劃	劉全 李涌濤 肖明 黃劍 王梅	情景描述清單 情景問題清單 問題陳述清單 界定一個問題 行動計劃	2009-3-7 2009-3-8 2009-3-9 2009-3-11 2009-3-13	所有成員
分析問題	8.收集信息找原因 9.分析根本原因 10.制定計劃	劉全 劉全 孫磊	問題信息表 根本原因 行動計劃	2009-3-14 2009-3-14 2009-3 15	所有成員
解決問題	11.尋找方法 12.規劃方案 13.決策方案 14.執行方案	趙剛 孫磊 黃劍 黃劍	方法列表 方案 執行方案 進度表	2009-3-15 2009-3-15 2009-3-15 2009-6-1	所有成員
評估問題	15.評估解決結果 16.確定下一步計劃	孫磊 黃劍	評估表 界定新問題	2009-6-9 2009-6-19	所有成員

2.明確問題界定階段的任務

在界定問題階段，最重要的一個輸出就是被團隊界定和選擇的一個問題。

3.按照界定問題階段的活動界定本案例的問題

⑴**描述情景。**

如表 12-24，簡單還原一些基本事實。

表 12-24　澄清問題情景

列出所有事項	理清/澄清所列事項
會議效率不高	有部份人開會遲到
	開會時有人打電話
	會議期間有人進出
	沒有提前發通知及議題
	開會時間很長
	容易起衝突
	沒有很明確的議題
	公司會議過多
	沒有準備礦泉水
	會議俗套
員工積極性不高	情緒低
	工作態度不好
	有工作推諉現象
工作效率低	工作達成率低
人浮於事	員工工作不飽滿
	員工工作鬆散
	辦事程序複雜、工作效率低

⑵對會議情景展開分析。

如表 12-25 找出所有情景中存在的問題

表 12-25　問題情景中存在的問題

事項	發生了什麼事	我們不期望什麼	我們期望什麼
會議效率低	有部份人開會遲到	有人遲到	參會人員準時到會
	開會時有人打電話	有人不嚴肅	嚴格遵守會場
	會議期間有人進出	有人進出	杜絕會議期間人員進出
會議效率低	沒有提前發通知及議題	大家不知道議題	提前 2～3 天徵求議題、發佈會議通知以及通報議題
	開會時間很長	時間超過 1 小時	時間能控制在 1 小時內
	容易起衝突	發生較大的衝突	在不產生衝突的情況下充分表達意見
	沒有很明確的議題	議題不明確	有明確的議題
	公司會議過多	會議過多	只開必要的會議
	沒有準備礦泉水	沒水喝	準備好飲水
	會議俗套	太悶	言簡意賅
員工積極性不高	情緒低	員工情緒低落	員工有激情
	工作態度不好	員工間態度惡劣	員工之間相互尊重
	有工作推諉現象	員工工作推諉	工作積極進取
工作效率低	工作達成率低	工作達成率低	及時完成相關工作
人浮於事	員工作不飽滿	員工作不飽滿	員工作量合理
	員工作鬆散	員工作鬆散	工作緊張有序
	辦事程序複雜、工作效率低	辦事程序複雜、工作效率低	辦事程序簡化、高效工作

⑶**陳述問題已成為一個簡單而又難準確完成的一件事**

問題一：

欣欣高科技公司會議效率低。會前沒有提前發會議通知、沒有準備礦泉水、有部份人開會遲到、開會時存在有人打電話、人員進出、容易起衝突、沒有明確的議題、會議官僚主義等現象，而且開會時間很長，一般超過 2 個小時，會議決議沒有落實跟蹤等，員工普遍認爲公司會議過多。公司希望會議能快速高效，能通過會議真正幫助公司解決問題。目前，公司會議效率低下已經影響到公司的整體工作效率。

備註：由於會議問題不太大，因此我們將所有與會議相關的問題列爲會議問題的問題點。假如遇到的是一個比較大的問題，則不太適合用該合併方法。

問題二：

欣欣高科技公司員工的工作積極性不高。存在工作情緒低、工作態度不好以及工作推諉現象。公司高層主管希望公司員工能以飽滿的工作熱情投身到各自的工作中，團結一致、積極進取。目前由於員工工作積極性不高嚴重影響了公司的企業文化建設以及工作品質。

問題三：

欣欣高科技公司員工工作效率低。員工普遍存在工作及時達成率不高現象。公司希望員工能 100%完成各自的工作任務。目前員工工作效率已經影響了公司的整體生產量。

問題四：

欣欣高科技公司存在人浮於事的問題。員工工作不飽滿、工作鬆散，日常工作辦事程序複雜，導致工作效率低。公司希望全體員工能全身心投入到工作中，杜絕工作懶散現象，並通過簡化工作程序等提高工作效率。目前人浮於事現象已經影響到公司的企業文化建設及工作效率。

⑷用「捨」的氣度進行問題的選擇和界定

如表 12-26，先採用設定優先順序的方法進行排序。

表 12-26　問題優先順序排序

事項	發生了什麼事	嚴重性	緊急性	成長性	權重
會議效率低	有部份人開會遲到	低	低	高	10
	開會時有人打電話	中	低	中	5
	會議期間有人進出	中	中	中	5
	沒有提前發通知及議題	中	中	中	5
	開會時間很長	中	中	中	10
	容易起衝突	高	中	高	10
	沒有很明確的議題	中	中	中	5
	公司會議過多	中	低	中	10
	沒有準備礦泉水	低	中	中	5
	會議俗套	中	中	中	5
員工積極性不高	情緒低	中	中	高	5
	工作態度不好	低	低	中	5
	有工作推諉現象	中	中	中	2
工作效率低	工作達成率低	低	中	中	8
人浮於事	員工作不飽滿	中	中	中	3
	員工作鬆散	中	中	中	3
	辦事程序複雜、工作效率低	中	低	高	4

本方法最好由團隊成員根據公司的實際情況共同打分，以獲

得與公司實際最符合的數據。

團隊成員參考方法一的結論，再結合以下幾項參考標準，最後形成解決問題小組最後界定的問題。

・是團隊成員共同面對的問題

・通過團隊努力可以解決的

・通過該問題的解決是有潛在回報的

・是能得到相關數據的

・過程是可控的

・有合理的時間

結合方法一的數據以及問題解決團隊成員的一致決定，將問題確定爲問題一，即：

欣欣高科技公司會議效率低。會前沒有提前發會議通知、沒有準備礦泉水、有部份人開會遲到、開會時存在有人打電話、人員進出、容易起衝突、沒有明確的議題、會議官僚主義等現象，而且開會時間很長，一般超過 2 個小時，會議決議沒有落實跟蹤等，員工普遍認爲公司會議過多。公司希望會議能快速高效，能通過會議真正幫助公司解決問題。目前，公司會議效率低下已經影響到公司的整體工作效率。

看來，最後確定的「會議效率低」的問題具有很大的代表性，不僅企業覺得開好會議是一件難事，就是政府機關也爲開好會大傷腦筋。

會議是任何一個公司日常經營管理活動中必不可少的一個重要環節，怎樣把會開好，確實已成爲很多公司管理者比較頭疼的問題。有專家說，如果一個組織不能把會開好，那這個組織是一個低效的組織。會議本質是一個組織的缺陷，由於世界上沒有那一種組織是完美的，所以需要通過開會來解決。會議是一個組織缺陷的補充。

⑸評估及下一步的行動

按照既定的計劃進行問題的分析。暫無遺留問題。

⑹界定問題小節

現在，可以對界定問題階段的工作如下表進行小結。

表 12-27　界定問題階段工作小節

階段 1	輸入	活動	輸出
界定問題	問題情景 解決問題計劃 解決問題思維	情景描述 情景分析 問題排序 問題決策 組織會議	情景描述清單 問題清單 問題排序表 問題陳述 界定的問題陳述

思維解決問題的遊戲

21.巧計救父的小女兒

從前，有個性情殘暴的國王，總喜歡用一些無法做到的難題來為難手下的大臣。一次，他召一位老臣進宮，讓他第二天把 2000 只羊牽到市場上去賣，不僅要拿回賣羊的錢，而且還必須把全部的羊都帶回來，否則就要殺掉他。

把賣掉羊的錢拿回來，怎麼能再把羊全帶回呢？老臣回到家後，就把這個難題說給了小女兒。小女兒卻很快想到了解決辦法。第二天，這位老臣到市場上去賣羊，不僅把錢交給了國王，還帶回了所有的羊，這樣就保住了性命。

答案見 308 頁

（三）如何全面地分析問題

團隊第三次會議

會議主題：分析會議效率低的原因

主持：黃劍

參會人員：問題解決小組全體成員

會議紀錄：王梅

會議地點：公司1號會議室

會議議題：

・分析會議效率不高的原因

・找出根本原因

1.在分析階段的輸入、活動、輸出

(1)回顧在界定問題階段的輸出

下表是在界定階段的主要活動和輸出。

表12-28　界定問題階段的主要活動和輸出

所處階段	階段名稱	主要活動	主要輸出
1	界定問題	情景描述 情景分析 問題排序 問題決策 組織會議	情景描述清單 問題清單 問題排序表 問題陳述 界定的問題陳述

在界定問題階段，最重要的輸出是被界定的問題陳述。以下是在界定階段輸出的創新公司會議效率低的問題：

欣欣高科技公司會議效率低。會前沒有提前發會議通知、沒

有準備礦泉水、有部份人開會遲到、開會時存在有人打電話、人員進出、容易起衝突、沒有明確的議題、會議官僚主義等現象，而且開會時間很長，一般超過2個小時，會議決議沒有落實跟蹤等，員工普遍反映公司會議過多。公司希望會議能快速高效，能通過會議真正幫助公司解決問題。目前，公司會議效率低下已經影響到公司的整體工作效率。

⑵分析問題階段的輸入、活動和輸出

接下來，需要明確在分析階段的主要輸入、主要活動和主要輸出，這是在整個分析階段的框架，如表12-29所示。

表12-29　分析問題階段的主要輸入、主要活動和輸出

所處階段	階段名稱	主要輸入	主要活動	主要輸出
2	分析問題	情景描述清單 問題清單 問題排序表 問題陳述 界定的問題陳述	收集信息 描述發現 得出結論 評估及著手下一步的計劃	原因清單 根本原因 過渡原因 表面原因

2.收集信息

採用傳統的信息收集形式也能收集一些，但會因人的能力、態度等差異較大。因此計劃採用劃分結構、尋找因果關係、把可能的原因歸類等的一些方法進行信息的收集。

⑴劃分結構

①組織

多年來的管理經驗，切身感受到：組織是做任何事情的基礎。

當某項事情沒有達成目標時，首先要看組織。從組織上找原因。可參考圖 12-9 的組織架構。

圖 12-9 常見的組織架構

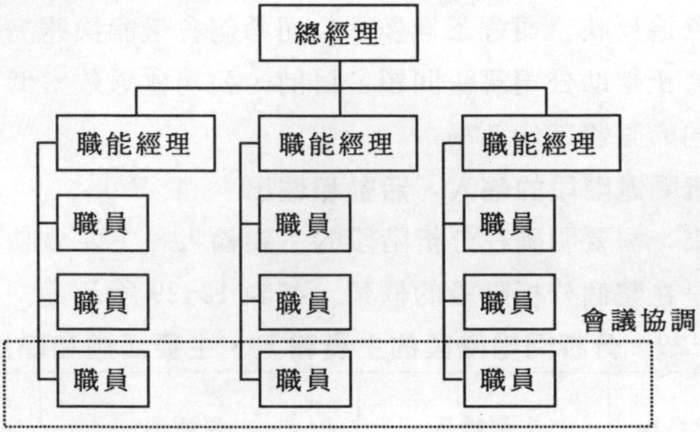

從組織上看，基本上會議的組織是一個臨時性、鬆散的群體，而不是一個團隊在運作。可以歸納出以下信息：

・沒有一個比較規範的會議管理組織

・沒有會議管理團隊

・沒有會議管理團隊意識

・由普通職員在進行組織協調，沒有賦予其相應的職責

②流程

目前的會議管理形式如表 12-30 所示。

表 12-30　當前很多公司的會議管理

會議前	會議中	會議後
文員發一個會議通知(範本因人而異)。	大家各抒己見，主管最後發表意見。	會議紀要，無遺留問題需要解決。

欣欣高科技公司和目前許多公司一樣，基本上還是完全靠經驗進行會議的管理，沒有將會議管理列入到一定的高度，從而缺乏重視。從流程的角度分析，大致可以得出以下的一些原因：

- 會議通知沒有範本
- 沒有徵求會議人員時間安排
- 沒有徵求關鍵主管的時間安排
- 主持人員沒有發揮作用
- 沒有進行時間控制
- 沒有會議成本意識
- 會議紀要沒有統一的範本
- 沒有遺留問題清單
- 沒有跟進和落實遺留問題

⑵尋找因果關係

①魚骨圖分析法

通過圖 12-10 的魚骨圖對會議爲何不高效進行原因分析。

你不妨也做一做，看一下自己能寫多少。

圖 12-10　魚骨圖分析會議為何不高效

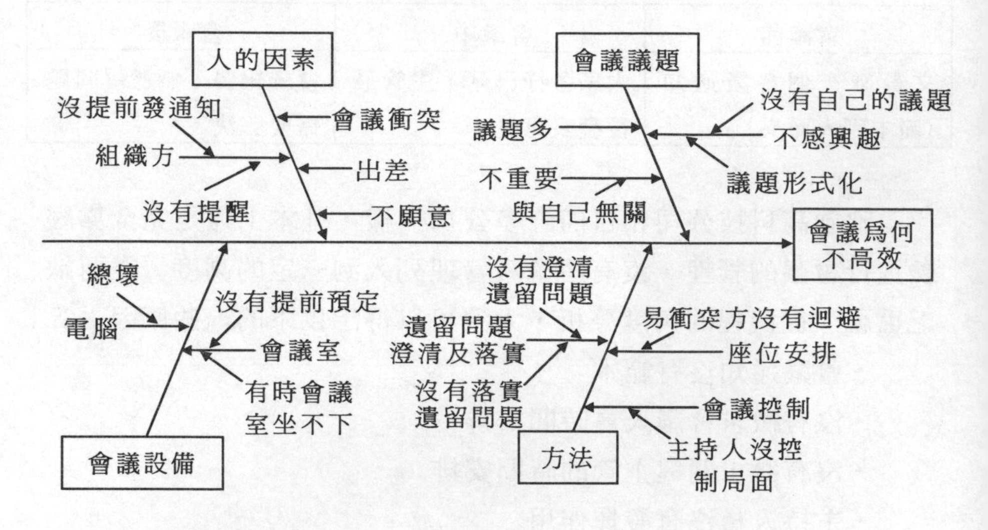

②腦力激盪法

曾經有人問:「大家都說你們部門的會議管理非常高效，你是怎麼做的？能不能把你們的會議管理方面的資料參考。」重要的不是資料，類似的資料在 internet 上非常多，關鍵是要掌握方法。建議找幾個經常組織會議的 3～4 個人，在一問安靜的會議室，就「會議爲什麼不高效」各自發表意見，指定一人紀錄，利用 20～30 分鐘的時間，大家獻計獻策，一定會收集到 20～50 個原因。然後在其中篩選七八條最主要的原因，最後形成對這幾個原因的改善辦法，則一定會有很好的效果。一段時間後如果有需要再重覆一次，效果會更佳。

③對比分析

・描述問題

如表 12-31，描述欣欣高科技公司會議效率不高的問題。

表 12-31　欣欣高科技公司會議效率不高問題描述

WHO：與誰有關、對象及執行者	會議組織方、參會人員
WHEN：何時發生、地點與位置	不定期、地點不定
WHERE：在何處發生	不定
HOW：如何發生的、發生的形式	會前沒提前發會議通知、沒準備礦泉水、有部份人開會遲到、開會時有人打電話、人員進出、容易起衝突、沒有明確的議題、會議官僚主義等現象，開會時間很長，一般超過 2 個小時，會議決議沒有落實跟蹤等，員工普遍認為公司會議過多。
HOW MANY/MUCH：發生的次數、數量或程度	每週 2～3 次

・觀察、對比事實

如下表 12-32，觀察對比會議效率變不高的相關事實。

表 12-32　欣欣高科技公司會議效率不高的觀察對比事實

WHAT 什麼事情	會議效率低，影響工作效率	觀察對比事實
WHO：與誰有關、對象及執行者	會議組織方、參會人員	責任心強的組織人員效果會好些
WHEN：何時發生、地點與位置	不定期、地點不定	
WHERE：在何處發生	不定	
HOW：如何發生的、發生的形式	會前沒提前發會議通知、沒準備礦泉水、有部份人開會遲到、開會時有人打電話、人員進出、容易起衝突、沒有明確的議題、會議官僚主義等現象，開會時間很長，一般超過 2 個小時，會議決議沒有落實跟蹤等，員工普遍認為公司會議過多。	
HOW MANY/MUCH：發生的次數、數量或程度	每週 2～3 次	

·鑑定不同點

如下表，通過觀察對比事實，鑑定不同點。

表 12-33　欣欣高科技公司會議效率不高事實對比

WHAT 什麼事情	會議組織方、參會人員	觀察對比事實	不同點
WHO：與誰有關、對象及執行者	不定期、地點不定	責任心強的組織人員效果會好些	組織會議的部門增加，需要協調的事情增多
WHEN：何時發生、地點與位置	不定		
WHERE：在何處發生	會前沒提前發會議通知、沒準備礦泉水、有部份人開會遲到、開會時有人打電話、人員進出、容易起衝突、沒有明確的議題、會議官僚主義等現象，而且開會時間很長，一般超過 2 個小時，會議決議沒有落實跟蹤等，員工普遍認爲公司會議過多。	以前是一兩個部門	現在是四五個部門經常組織會議
HOW：如何發生的、發生的形式	每週 2～3 次		以前 1～2 次
HOW MANY/MUCH：發生的次數、數量或程度			

・相關變化

如下表，通過鑑定不同點，發現欣欣高科技公司會議效率不高的相關變化。

表 12-34　欣欣高科技公司會議效率不高的相關變化

WHAT 什麼事情	會議效率低、影響工作效率	觀察對比事實	不同點	相關變化
WHO：與誰有關、對象及執行者	會議組織方、參會人員	責任心強的組織人員效果會好些	組織會議的部門增加，需要協調的事情增多	新員工組織會議增多
WHEN：何時發生、地點與位置	不定期、地點不定		無	
WHERE：在何處發生	不定	以前是一兩個部門	現在是四五個部門經常組織會議	新成立了部門
HOW：如何發生的、發生的形式	會前沒提前發會議通知、沒準備礦泉水、有部份人開會遲到、開會時有人打電話、人員進出、容易起衝突、沒有明確的議題、會議官僚主義等現象，開會時間很長，一般超過 2 個小時，會議決議沒有落實跟蹤等，員工普遍認爲公司會議過多。			
HOW MANY/MUCH：發生的次數、數量或程度	每週 2～3 次		以前 1～2 次	公司會議增加

・可能原因：

根據分析，可以得出一些原因：

→公司業務擴大

→成立了新部門

→新員工不斷增加，大量的會務組織是新員工在組織

→公司會議數量在增加

→……

將這些原因匯總成如表 12-35 的可能原因清單：

表 12-35　欣欣高科技公司會議效率不高的可能原因清單

應用的方法	找到的原因	備註
對組織結構進行分析	沒有一個比較規範的會議管理組織 沒有會議管理團隊 沒有會議管理團隊意識 會議通知沒有範本 沒有徵求會議人員時間安排 沒有徵求關鍵主管的時間安排 主持人員沒有發揮作用	
對流程進行分析	沒有進行時間控制 沒有會議成本意識 會議紀要沒有統一的範本 沒有遺留問題清單 沒有跟進和落實遺留問題 組織方沒有提前發通知 與會人員會議衝突 與會人員出差 與會人員不願意參加 組織方在會前沒有作提醒 議題過多 沒有參與人員自己關心的議題 與會人員對議題不感興趣	

續表

魚骨圖分析	議題形式化 議題不重要，與參會人員無關 會議設備準備不充分 電腦總壞 組織方沒有提前預定會議室 會議室太小 組織方在座位上沒有考察，易衝突方沒有錯開 組織方沒有進行會議的控制 主持人沒有對遺留問題進行澄清 組織方沒有對遺留問題進行落實	
腦力激盪	主管不重視 組織方組織不嚴密 大家不重視會議 大家已經漠然	
對比分析法	公司業務擴大 成立了新部門 新員工不斷增加，大量的會務組織是新員工 會議數量在增加	

⑶找到根本原因

①將可能原因歸類

根據歸納推理的邏輯思維將所得到的原因進行歸類。經初步匯總後形成如表 12-36 的原因列表。

②找出根本原因

步驟一：列舉所有可能原因

根據表格裏的信息，知道以下造成公司會議效率不高的原因：

·沒有一個規範的會議管理團隊

表 12-36　欣欣高科技公司會議效率不高的原因整合歸類

應用的方法	找到的原因	備註
對組織結構進行分析 對流程進行分析 魚骨圖分析 腦力激盪 對比分析法	沒有一個規範的會議管理團隊 缺乏會議相關範本 主持人員沒有發揮作用 沒有會議成本意識 沒有做好會議參會人員的落實工作 議題徵集不規範 會議設備（包括會議室）準備不充分 組織方面沒有規範座位 組織方沒有進行會議的控制 沒有遺留問題管理 組織方不懂會議管理 參會人員不重視會議 會議數量過多	已經過合併和歸類

·缺乏會議相關範本

·主持人員沒有發揮作用

·沒有會議成本意識

·沒有做好會議參會人員的落實工作

·議題徵集不規範

·會議設備(包括會議室)準備不充分

·組織方面沒有規範座位

・組織方沒有進行會議的控制

・沒有遺留問題管理

・組織方不懂會議管理

・參會人員不重視會議

・會議數量過多

步驟二：對以上原因進行編號。

將以上原因分別編爲 1-13。

步驟三：將原因對應的編號如下圖填寫在表 12-37 中。

表 12-37　欣欣高科技公司會議效率不高原因編號表

	1	2	3	4	5	6	7	8	9	10	11	12	13
1													
2													
3													
4													
5													
6													
7													
8													
9													
10													
11													
12													
13													
總分													

步驟四：從原因 1 開始依次與其他 12 個原因一個一個對應。用「因爲原因 1，所以引起了原因××」造句，如果成立，則原因 1 對應的空格裏填寫-1，如果不成立，則填寫+1。最後形成下表的原因關係得分表。

表 12-38　欣欣高科技公司會議效率不高原因關係得分表

	1	2	3	4	5	6	7	8	9	10	11	12	13
1	–	+1	+1	+1	+1	+1	+1	+1	+1	+1	−1	+1	+1
2	−1	–	+1	+1	+1	+1	+1	+1	+1	+1	−1	+1	+1
3	−1	+1	–	+1	+1	+1	+1	+1	−1	+1	−1	+1	+1
4	−1	+1	+1	–	+1	+1	+1	+1	+1	+1	−1	+1	−1
5	−1	+1	+1	−1	–	+1	+1	+1	+1	+1	−1	+1	−1
6	−1	+1	+1	−1	+1	–	+1	+1	+1	+1	−1	+1	−1
7	−1	+1	+1	−1	+1	+1	–	–	+1	+1	−1	+1	+1
8	−1	+1	+1	+1	+1	+1	+1	+1	+1	+1	−1	+1	+1
9	−1	+1	−1	−1	+1	+1	+1	+1	–	+1	−1	+1	+1
10	−1	−1	+1	−1	+1	−1	+1	+1	+1	–	−1	+1	+1
11	−1	+1	+1	+1	+1	+1	+1	+1	+1	+1	–	+1	+1
12	+1	+1	+1	−1	−1	−1	+1	+1	−1	+1	−1	–	−1
13	−1	+1	+1	−1	+1	+1	+1	+1	+1	+1	−1	+1	–
總分	−10	10	10	−2	10	8	12	12	8	12	−12	12	4

步驟五：將這 13 個原因的得分分別除以 2，得到下表的數據。

表 12-39　欣欣高科技公司會議效率不高原因得分表

原因編號	得分
1	-5
2	5
3	5
4	-1
5	5
6	4
7	6
8	6
9	4
10	6
11	-6
12	6
13	2

步驟六：得出結論。

得分在-2 以下的即爲引發問題的根本原因。得分在-2 和 2 之間的爲引發問題的過渡原因。得分在 2 以上的爲引發問題的表面原因。

下表爲欣欣高科技公司會議效率不高的原因屬性判定。

表 13-40　欣欣高科技公司會議效率不高的原因屬性判定

原因編號	得分	原因判定
1	-5	根本原因
2	5	表面原因
3	5	表面原因
4	-1	過渡原因
5	5	表面原因
6	4	表面原因
7	6	表面原因
8	6	表面原因
9	4	表面原因
10	6	表面原因
11	-6	根本原因
12	6	表面原因
13	2	過渡原因

根據以上數據，可以作出以下的結論。

欣欣高科技公司會議效率不高的根本原因有兩個：

・沒有一個規範的會議管理團隊

・組織方不懂會議管理

過渡原因有一個：

・沒有會議成本意識

其他的爲表面原因：

・缺乏會議相關範本

・主持人員沒有發揮作用

・沒有做好會議參會人員的落實工作

・議題徵集不規範

・會議設備(包括會議室)準備不充分

・組織方面沒有規範座位

・組織方沒有進行會議的控制

・沒有遺留問題管理

・參會人員不重視會議

・會議數量過多

從分析得到的結論來看，根本原因在於沒有一個會議管理團隊和組織方不懂會議管理，這個結論或許有點讓人意外，但這是一個相對比較科學的分析結果。很多會議組織方抱怨主管不重視、參與人員態度不積極等，其實這些都是表面原因，根本原因卻在自己身上。

3.「分析問題」階段總結

⑴輸出表面原因、過渡原因和根本原因。

⑵修正計劃。如表 12-41 所示。

表 12-41 欣欣高科技公司問題解決小組行動計劃

主任務	子任務	責任人	輸出件	計劃完成時間	參與人
組建團隊	收集人員信息	黃劍	人員清單	2009-3-2	王梅、孫磊
	組織會議	黃劍	解決問題團隊 解決問題流程、方法、行動計劃	2009-3-5	王梅、孫磊
界定問題	描述情景	劉全	情景描述清單	2009-3-7	所有成員
	分析情景	李涌濤	情景問題清單	2009-3-8	
	陳述問題	肖明	問題陳述清單	2009-3-9	
	選擇和界定問題	黃劍	界定一個問題	2009-3-11	
	制定計劃	王梅	行動計劃	2009-3-13	
分析問題	收集信息找原因	劉全	問題信息表	2009-3-14	所有成員
	分析根本原因	劉全	根本原因	2009-3-14	
	制定計劃	孫磊	行動計劃	2009-3-16	
解決問題	尋找方法	趙剛	方法列表	2009-3-17	所有成員
	規劃方案	孫磊	方案	2009-3-17	
	決策方案	黃劍	執行方案	2009-3-18	
	執行方案	黃劍	進度表	2009-6-1	
評估問題	評估解決結果	孫磊	評估表	2009-6-9	所有成員
	確定下一步計劃	黃劍	界定新問題	2009-6-19	

（四）如何令主管感動地解決問題

團隊第四次會議

會議主題：如何解決會議效率低的問題。

主持：黃劍

參會人員：問題解決小組全體成員

會議紀錄：王梅

會議地點：公司1號會議室

會議議題：尋找方法、規劃方案、決策方案、執行方案

1. 回顧分析問題階段的主要輸出

下表是分析問題階段的主要活動和輸出。

表 12-42　分析問題階段的主要活動和輸出

所處階段	階段名稱	主要活動	主要輸出
2	分析問題	收集信息 描述發現 得出結論 評估及著手下一步的計劃	原因清單 根本原因 過渡原因 表面原因

欣欣高科技公司會議效率不高的根本原因有兩個：

- 沒有一個規範的會議管理團隊
- 組織方不懂會議管理

過渡原因有一個：

- 沒有會議成本意識

其他的爲表面原因：

- 缺乏會議相關範本
- 主持人員沒有發揮作用
- 沒有做好會議參會人員的落實工作
- 議題徵集不規範
- 會議設備(包括會議室)準備不充分
- 組織方面沒有規範座位
- 組織方沒有進行會議的控制
- 沒有遺留問題管理
- 參會人員不重視會議
- 會議數量過多

思維解決問題的遊戲

22.給傻子讓路

德國詩人歌德，有個很好的習慣，就是每天都要到郊外散步。一天，他又像往常一樣，到小河邊去散步。當他走上獨木橋時，卻從對面走來了一個年輕人。因為這個年輕人很沒有禮貌，又把衣著隨便的歌德當成了一個最普通不過的人，就示意歌德給他讓路，嘴裏還說著什麼「我從來不給傻子讓路」一類的粗話。

對此，歌德當然也很氣憤，可他很快就想到了回擊這個年輕人的方法。於是先是讓開了路，接著又對年輕人說了一句話，立刻就把對方弄得無話可說了。

你能想到歌德對那個年輕人說了什麼嗎?

答案見 308 頁

2.明確問題解決階段的任務

任務：

⑴尋找到解決問題的方法

⑵規劃解決會議效率不高的方案

⑶在幾個方案中決策一個最佳方案

⑷執行決策方案

3.按照解決問題階段的活動解決本案例的問題

⑴**尋找方法**

針對表面原因，可以立即拿出對策，並可立即付諸行動；針對過渡原因，需要儘早規劃；針對根本原因，要長遠規劃。

首先，可以基於經驗，對這些原因拿出一個初步對策；然後再利用一些創意的方法對所有環節進行創意，看能否產生一些讓主管感動的對策。

①基於經驗，形成初步方案

方案一：少投入，速見效(表 12-43)

本方案的特點是以最少的投入取得一定的改善效果，因此，將主要從表面原因上去想對策。

方案二：一定的投入，較佳的效果(表 12-44)

本方案的特點是以一定的投入取得較好的改善效果，因此，我們將除了從表面原因上去想對策外，還需要就過渡原因尋找對策。

方案三：較大的投入，最佳的效果

本方案的特點是以滿足需求的投入取得最好的改善效果，因此，將除了從表面原因、過渡原因尋找對策外，還需要徹底解決問題的根本原因。(表 12-45)

表 12-43 方案一

原因	對策	責任人	完成時間	備註
缺乏會議相關範本	編制範本			
主持人員沒有發揮作用	主持人要控制場面			
沒有做好會議參會人員的落實工作	落實參會人員及時到會			
議題徵集不規範	編制議題徵集範本			
會議設備（包括會議室）準備不充分	每次會議設備專人負責			
組織方面沒有規範座位	對座位作一些指引			
組織方沒有進行會議的控制	主持人注意控場			
沒有遺留問題管理	澄清和落實遺留問題			
參會人員不重視會議	會議出勤統計公告			
會議數量過多	對會議進行規劃			

表 12-44 方案二

<table>
<tr><th></th><th>原因</th><th>對策</th><th>責任人</th><th>完成時間</th><th>備註</th></tr>
<tr><td rowspan="5">表面原因</td><td>缺乏會議相關範本</td><td>編制範本</td><td></td><td></td><td></td></tr>
<tr><td>主持人員沒有發揮作用</td><td>主持人要控制場面</td><td></td><td></td><td></td></tr>
<tr><td>沒有做好會議參會人員的落實工作</td><td>郵件、電話確認</td><td></td><td></td><td></td></tr>
<tr><td>議題徵集不規範</td><td>編制議題徵集範本</td><td></td><td></td><td></td></tr>
<tr><td>會議設備（包括會議室）準備不充分</td><td>每次會議設備專人負責</td><td></td><td></td><td></td></tr>
</table>

續表

表面原因	組織方面沒有規範座位	對座位作一些指引			
	組織方沒有進行會議的控制	主持人注意控場			
	沒有遺留問題管理	澄清和落實遺留問題			
	參會人員不重視會議	會議出勤統計公告			
	會議數量過多	對會議進行規劃			
過渡原因	沒有會議成本意識	計算會議成本			
		縮短會議時間			
		減少會議數量			
		跨進遺留問題			
		提高決策效率			

表 12-45　方案三

	原因	對策	責任人	完成時間	備註
表面原因	缺乏會議相關範本	編制範本			
	主持人員沒有發揮作用	主持人要控制場面			
	沒有做好會議參會人員的落實工作	落實參會人中及時到會			
	議題徵集不規範	編制議題徵集範本			
	會議設備（包括會議室）準備不充分	每次會議設備專人負責			
	組織方沒規範座位	對座位作一些指引			

續表

<table>
<tr><td rowspan="4">表面原因</td><td>組織方沒有進行會議的控制</td><td>主持人注意控場</td><td></td><td></td><td></td></tr>
<tr><td>沒有遺留問題管理</td><td>澄清和落實遺留問題</td><td></td><td></td><td></td></tr>
<tr><td>參會人員不重視會議</td><td>會議出勤統計公告</td><td></td><td></td><td></td></tr>
<tr><td>會議數量過多</td><td>對會議進行規劃</td><td></td><td></td><td></td></tr>
<tr><td rowspan="5">過渡原因</td><td rowspan="5">沒有會議成本意識</td><td>計算會議成本</td><td></td><td></td><td></td></tr>
<tr><td>縮短會議時間</td><td></td><td></td><td></td></tr>
<tr><td>減少會議數量</td><td></td><td></td><td></td></tr>
<tr><td>跨進遺留問題</td><td></td><td></td><td></td></tr>
<tr><td>提高決策效率</td><td></td><td></td><td></td></tr>
<tr><td rowspan="2">根本原因</td><td>沒有一個規範的會議管理</td><td>組建會議管理團隊</td><td></td><td></td><td></td></tr>
<tr><td>組織方不懂會議管理</td><td>培訓會議管理
建立會議管理體系</td><td></td><td></td><td></td></tr>
</table>

這樣我們就具有了初步的三個解決方案，這三個解決方案的思路是從解決效果的角度考慮的，當然也可以從其他的角度尋找解決方案。

②從各個環節進行創意

當初步的方案形成後，先不要急著去進行方案的決策。而是要將這些方案形成大致的可決策方案，尤其是挖掘各個方案的主要亮點。在本案例中，由於方案與方案之間有包含關係，不太明顯，如果方案與方案之間不存在包含關係的話，好的創意更容易凸顯各個方案的優勢。

由於原因很多，而且創意的方法也很多，因此不能一一進行創意演示，在此僅舉出一個原因運用幾個創意方法進行創意。

目前有很多會議組織人員都抱怨參會人員遲到，這是一個確實讓很多企業會議組織者都頭疼的事情,一些優秀企業都採用遲到罰款的措施。

既然遲到的現象如此難解決，那麼來看一下就「沒有做好會議參會人員的落實工作」尋找對策。

問題原因：沒有做好會議參會人員的落實工作

初步對策：落實參會人員及時到會

根據經驗可以得出一些方法，如：發會議郵件、打電話知會。然後採用兩字關聯法尋找更多的對策。

創意方法：兩字關聯法

關鍵詞語：落實　到會

「落實」的近義詞有：確保、安排、指定

「到會」的近義詞有：到場、提前、就座

利用近義詞之間的組合，進行相關聯想。首先是「確保」和「到場」、「提前」、「就座」的詞語之間的關聯。如圖 12-11 所示。

圖 12-11　兩字關聯法的應用

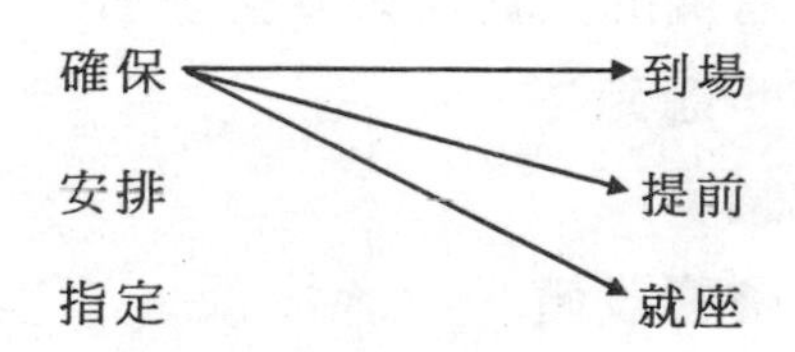

通過確保到場，想到：

・確認人員是在公司的，到時不會出差

·確認到時沒有會議衝突

通過確保提前，想到：

·告訴參會人員提前到

·在會議開始前 15 分鐘開始提醒

通過確保就座，想到：

·把會議室的座位和參加會議的人數統計一下，確保人人有座

·提前到的人員及時就座

·提前到的人員靠裏坐，使晚到的人員便於就座

然後是「安排」和「到場」、「提前」、「就座」之間的關聯。如圖 12-12 所示。

圖 12-12 兩字關聯法的應用

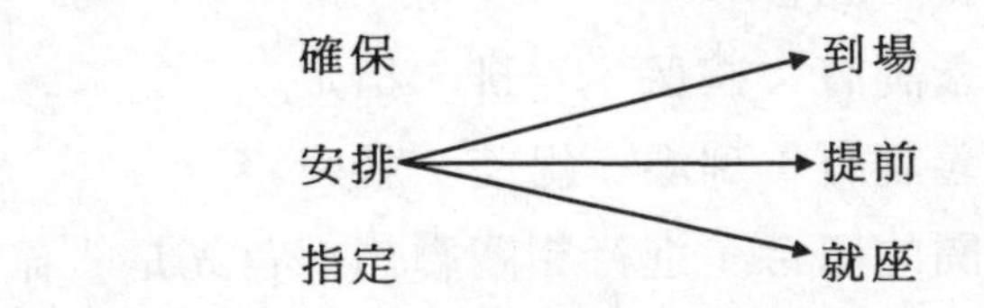

通過安排到場，想到：

·有些與議題有關的人員需要安排參會

通過安排提前，想到：

·提前安排會議室

·提前準備好會議設備

·提前準備

通過安排就座，想到：

·提前到的人迅速就座

接下來是「指定」和「到場」、「提前」、「就座」之間的關聯。如下圖所示。

圖 12-13　兩字關聯法的應用

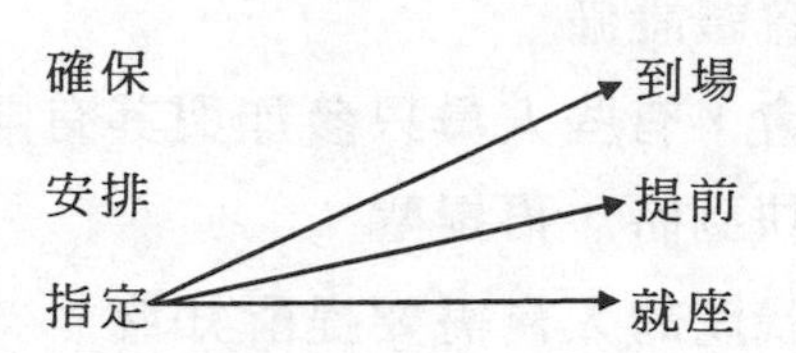

通過指定到場，想到：

・與會議無關的人員不要請

・與議題無關人們不要請

通過指定提前就座，想到：

・與議題有關的人員在快到的時候提前提醒

通過指定就座，想到：

・指定空座方便後面進來的人員

通過這樣的方法，就關於「落實參會人員及時到會」，經整理後，形成以下的一些對策。如果不借助方法，有些對策是想破腦袋也想不出來的。

・開會前確認人員是否有時間參加會議，尤其是主要主管，當主要人員都能保證出勤的情況下再確定是否開會

・提前發郵件知會需要參加的人員，並告訴時間、地點等

・在會議開始前 15 分鐘開始提醒。提醒的人員以級別從低到高的順序提醒，確保主管到時所有的人員已經到場

・把會議室的座位和參加會議的人數統計一下，確保人人有座

・提前到的人員靠裏坐，使晚到的人員便於就座

・原則上只安排與議題有關的人員參會

・提前安排會議室

・提前準備好會議設備

・分時間段開會，有些人員只參加與其有關的議題，當與其有關的議題快到時，再提醒

・只參加相關議題的人員需要提醒知會

⑵進一步規劃方案

根據前面想出的方案和方法等，形成更爲詳細的規劃方案。本部份略，可參考後面的具體方案。

⑶決策方案

常見的對策如下表所示：

表 12-46　常見的決策模式

	對策原則	效果	所需資源	所需時間	見效	建議
根本原因	長遠規劃	好	大	長	慢	根據公司的實際情況
過渡原因	忙規劃	中	中	中	中	
表面原因	立即著手	有改善	小	短	快	

在實際過程中，一般會先根據公司的實際情況進行問題的解決，如果需要好的效果，而且公司也有資源和耐心的話，那我們就要著手對根本原因拿出解決方案；如果只需要有一點改善，而且公司也沒有資源投入、環境不支持的話，那麼僅需對解決好表面原因以及逐步對過渡原因拿出解決辦法。

本案例，我們假設需要得到最佳的解決效果，而且公司主管

支持，願意就改善此問題提供足夠的資源，甚至包括在組織架構上作出一些調整。

①建立決策標準

②設置絕對標準，徹底解決會議效率不高的問題

③比較可選方案

④鑑定和評估風險

⑤作出決策

根據公司的實際情況及團隊意見，最後決定選擇方案三。即全面徹底解決會議效率不高的問題。

⑥完善方案

經對方案進行完善，形成如下提高會議效率完整方案。方案附後。

⑷執行方案

提高會議效率組織根據以上詳細方案執行即可，然後在不斷的實踐中進行摸索，最後逐步形成具有自身特色的會議管理體系。

4.「解決問題」階段總結

⑴尋找到解決會議效率不高根本原因的諸多方法

⑵規劃解決會議效率不高的幾個方案

⑶最後決策一個可從根本上解決會議效率不高的方案

⑷執行最後決策的提升會議效率的方案

（五）如何評估問題

團隊第五次會議

會議主題：評估問題的解決效果

主持：黃劍

參會人員：問題解決小組全體成員

會議紀錄：王梅

會議地點：公司 1 號會議室

會議議題：

·評估問題的解決效果

·決定下一個需要解決的問題

1.回顧解決問題階段的主要輸出

解決問題階段的主要輸出爲執行決策結果。

2.明確評估問題階段的任務

評估問題的解決結果

決定下一個目標

3.按照評估問題階段的活動解決本案例的問題

⑴評估問題的解決結果

①會議效率低問題解決前後關鍵指標對比。如下表所示。

表 12-47　會議效率問題解決前後對比

對比項目	解決前	解決後
平均會議時間	2 小時	1小時
平均出勤率	80%	98%
每次會議遲到人數	3 人	0.4人
每次會議平均衝突	1 次	0.5次
有效解決議題比例	70%	95%
滿意度	60%	90%
會議人員滿意度	50%	85%

從以上問題的解決效果來看，應該說解決的效果是非常明顯的，尤其是會議的直接相關人對會議的滿意度都得到了大幅度的提高。從某種意義上講，主管滿意、會議人員滿意是會議成功的決定性因素。

②會議問題解決過程小結

一般最多的是進行做得好與需要提高的地方進行如下表的總結。

表 12-48　解決會議效率低問題總結

做得好的地方	需改善的地方
1.有一問題解決團隊。團隊成員有明確的分工 2.有明確的解決問題的流程 3.團隊成員協作很好，流程意識很強 4.團隊溝通很好 5.團隊成員積極參與 6.群策群力，充分發揮各自的能力 7.團隊執行力強，嚴格執行既定方案	1.流程還需進一步優化 2.需進一步加強會議體系建設 3.對相關人員進行培訓 4.會議衝突解決得不好

⑵決定下一個目標

①關於會議不高效的問題

從解決的效果上看，問題基本解決，今後的工作是圍繞會議體系的進一步完善以及參會人員的會議知識培訓等。

②決定下一個需要解決的問題

在界定問題階段分析問題情景中存在的問題，當初團隊成員根據嚴重性、緊急性、成長性、權重等方面進行了如表 12-49 的分析。

表 12-49 會議效率低原因權重分析

問題	問題點	嚴重性	緊急性	成長性	權重
會議效率不高	有部份人開會遲到	低	低	高	10
	開會時有人打電話	中	低	中	5
	會議期間有人進出	中	中	中	5
	沒有提前發通知及議題	中	中	中	5
	開會時間很長	中	中	中	10
	容易起衝突	高	中	高	10
	沒有很明確的議題	中	中	中	5
	公司會議過多	中	低	中	10
	沒有準備礦泉水	低	中	中	5
	會議俗套	中	中	中	5
員工積極性不高	情緒低	中	中	高	5
	工作態度不好	低	低	中	5
	有工作推諉現象	中	中	中	2
工作效率低	工作達成率低	低	中	中	8
人浮於事	員工工作不飽滿	中	中	中	3
	員工工作鬆散	中	中	中	3
	辦事程序複雜、工作效率低	中	低	高	4

當會議效率不高的問題初步解決之後，之前判斷可能會出現一些變化，因為問題與問題之間是有一定的相關性的，可能其中一個問題的有效解決，會對另外一個問題的嚴重性、緊急性、成長性等產生影響。

因此，有必要團隊再做一次如表 12-50 的分析。

表 12-50　會議效率低原因權重分析

問題	問題點	嚴重性	緊急性	成長性	權重
會議效率不高	有部份人開會遲到	低	低	低	2
	開會時有人打電話	低	低	低	1
	會議期間有人進出	低	低	低	2
	沒有提前發通知及議題	低	低	低	3
	開會時間很長	低	低	低	5
	容易起衝突	低	低	低	2
	沒有很明確的議題	低	低	低	2
	公司會議過多	低	低	低	4
	沒有準備礦泉水	低	低	低	2
	會議俗套	低	低	低	7
員工積極性不高	情緒低	高	中	高	20
	工作態度不好	高	低	中	10
	有工作推諉現象	高	中	中	10
工作效率低	工作達成率低	低	中	高	8
人浮於事	員工工作不飽滿	中	中	中	5
	員工工作鬆散	中	中	中	8
	辦事程序複雜、工作效率低	高	中	高	9

從再次分析的初步結果來看，員工積極性不高成爲了一個比較重要的問題，因此，團隊可以將該結果向公司領導回饋，建立相應的問題解決小組，繼續該情景中問題的解決。

至此，解決問題的單個循環結束，下一步，就是新的問題解決小組繼續按照一步一步解決。

4.「評估問題」階段總結

⑴評估會議效率低下問題的解決情況

⑵決定下一步解決員工積極性不高的問題

心得欄 --

附「思維解決問題的遊戲」答案：

1. **答案**：王子說「只要你讓我吃，我就會知道魚的名稱，所以請讓我吃。」

2. **答案**：因爲在船上的時候，商人始終都不有對任何人說過任何一句話，也包括這個女詐騙犯。所以此時的他就裝一副又聾又啞的樣子，並將一張紙遞給了那個女詐騙犯。那個女人還以爲他真的是個殘疾人，就把自己剛才威脅商人的話寫在了紙上。可這樣一來，商人就等於是有了證明自己的憑證，所以當他拿到了那張後，就理直氣壯地轉身而去了！

3. **答案**：老漁翁的話是這樣的：「一年有四個季節，而在這四個季節裏，對於黃魚的吃法也不同。春天應吃魚頭，因爲春天爲一年之首，得魚首之力，身體才以更加強壯。而夏天就應該多吃魚身，因爲夏天炎熱，人出汗多，全身容易發軟乏力。吃魚身剛好可以補身。至於魚鰾嘛，應以秋天食用爲最佳，因爲此時的魚鰾最爲成熟，它吸取了魚全身的精華，所以這個時候吃最好。至於冬天，則應該多吃魚尾，因爲冬季是一年之末，多吃魚尾恰好對驅散全身的寒氣最有說明。」

4. **答案**：農夫告訴檢查員說：「現在我已經不用任何的東西餵豬了。我每天都會給這些豬 10 塊錢，它們想吃什麼就自己買什麼。」

5. **答案**：阿凡提對那兩個強盜說：「既然你們兩個都想得到驢，那麼我就用你們身上帶著的弓箭朝著東、西兩個方向各射一箭，你們一個向東、一個向西分別去把射出去的箭撿回來。誰先回來誰就可以得到驢子，而後回來的那個就只能得到我的禮物了。」於是，當這兩個強盜各自朝著東西兩個方向跑去撿箭的時候，阿凡提就立刻騎上自己的毛驢，拿著禮物逃走了。

6. **答案**：他的回答是：「世上最肥的是土地，因爲它能生長出萬物；最快的是人的態度，因爲它的變化比什麼都快，最可親的是自己的國王，因爲他善待自己的子民，就像父母對待兒女樣。」

7. **答案**：工程師向乘務員要了一個長、寬、高均爲 1 米的貨運箱子，然後再將鋼管斜著放進去，因爲 1 米的立方體其對角線長剛好超過 1.7 米，所以自然就順利地把鋼管帶上了飛機。

8. **答案**：這一次，書商打出的廣告語是：這是一本連總統都無法輕易做出判斷的書。既然連總統都不能輕易地做出判斷，那麼讀者對這本書就更加的好奇，所以書又一次賣得很好也就不足爲奇了。

9. **答案**：原來，他只是對著第一個人說：「這裏的光線實在太暗，我的視力又不好，還是請你代替我來讀吧。」說完這句話，就又把那張空白的紙塞回了第一個人的手裏。

10. **答案**：只見邱吉爾不慌不忙地羅斯福說：「總統先生，在這種戰爭正處於最危急的時刻，我們一定要團結一致、坦誠相見啊！您看，我已經先放棄任何的隱瞞了。」

11. **答案**：其實，這個問題的答案很簡單，只要把蠟燭放在 1 個人的頭頂上，那麼就可以做到其餘的 9 個人都能看見，只有 1 個人卻看不見了。

12. **答案**：面對這位小姐，達爾文很從容地回答道：「您當然也是由猿進化而來的，不過很顯然，您是由非常迷人的猿進化而來的。」

13. **答案**：長老讓孩子的父親回家後派人把所有的門都裝修得比原來高出了一丈多，這樣不管這個孩子今後再長多少，也就永遠都不會達到門的高度了。這樣一來，算命先生的預言自然無法實現，而孩子的父親也就沒有什麼理由再憂慮的了。

14. **答案**：當獄卒把兩個簽兒送到農夫眼前的時候，他很隨便地抽出了其中的一個簽兒，然後立刻就把它吞進了肚子裏。這樣，負責監督執行的法官手裏就只剩下了一張寫有「死」字的簽兒，而判定農夫抽到的那個寫有「生」字的簽兒，所以農夫反而因此而得到了赦免，奇跡般地活了下來。

15. **答案**：聰明的列車長馬上寫了一張請求南京站幫助尋找皮包的紙條，然後在列車中途駛過一個車站的時候將這張紙條扔給了月臺上的乘務人員。於是很快南京站就接到了這一消息，並以最快的速度趕到了那位旅客曾經居住的那家旅社，找到了那個皮包。之後，按照那位列車長的要求，再以最快的速度把皮包轉交到上海站的工作人員。這樣一來，當那位旅客到達上海站之後，自然也就拿回了自己遺失的皮包。

16. **答案**：原來，等到敵軍再次把那些高大的戰馬拉到河的對岸來炫耀的時候，李光弼立刻指揮手下把這些母馬也趕河的這邊。看到了母馬，那些戰馬果然紛紛地向河的這邊游來。等到敵軍發現情況不妙時，李光弼的士兵們已經把絕大多數的戰馬都拉回了自己的軍營裏。就這樣，叛軍的攻心計策不僅沒能得逞，反而白白地丟失了近千匹的良種戰馬，甚至連軍都動搖了。

17. **答案**：這位列車長對兩位旅客說的話很簡單「既然你們吵得這麼厲害還沒有個結果，那就乾脆先打開窗子，把身體瘦弱的凍死，然後再關上窗子，把身體肥胖的也熱死。這樣，大家就可以安安靜靜地休息了。你們看好不好呢？」聽列車長這麼說，兩個人才意識到自己的爭吵妨礙了其他人的休息，所以只好就此作罷。

18. **答案**：劉統勳在稟告乾隆的時候，說自己的這份壽禮有著很深的含義，那就是他會盡自己所有的忠心送給皇帝個「鐵桶一樣的江（薑）山」。乾隆聽了這番解釋後，立刻就理解了劉統勳的意思，同時也爲他的足智多謀與忠心耿耿所感動。

19. **答案**：看著有些氣急敗壞的邁克，售貨員表現得很鎮靜「如果按照您的說法，那麼我們在廣告裏刊登的那輛自行車還坐著個小孩兒呢，難道您希望我們再給您找個孩子來給你帶回家嗎？」

20. **答案**：聽了朋友的話以後，生意人立刻回答說：「這有什麼不可能的呢？在金幣能夠變成銅幣的地方，人變成猴子又有什麼好奇怪的呢？」於是，爲了領回自己的兒子，生意人的那位朋友只好承認錯誤，然後又交出金幣。

21. **答案**：這個小女兒的辦法並不複雜，她讓自己的父親把2000只羊趕到市場上去，但只是將剪下的羊毛全部賣掉，這樣就既得到了賣羊的錢，又可以把羊一隻不少地帶回來了。

22. **答案**：歌德先是讓開了路，接著很和氣地對那個年輕人說：「你從來不給傻子讓路，可我和你剛好相反。」

85	生產管理制度化	360 元
86	企劃管理制度化	360 元
88	電話推銷培訓教材	360 元
90	授權技巧	360 元
91	汽車販賣技巧大公開	360 元
92	督促員工注重細節	360 元
94	人事經理操作手冊	360 元
97	企業收款管理	360 元
100	幹部決定執行力	360 元
106	提升領導力培訓遊戲	360 元
112	員工招聘技巧	360 元
113	員工績效考核技巧	360 元
114	職位分析與工作設計	360 元
116	新產品開發與銷售	400 元
122	熱愛工作	360 元
124	客戶無法拒絕的成交技巧	360 元
125	部門經營計劃工作	360 元
127	如何建立企業識別系統	360 元
129	邁克爾·波特的戰略智慧	360 元
130	如何制定企業經營戰略	360 元
131	會員制行銷技巧	360 元
132	有效解決問題的溝通技巧	360 元
135	成敗關鍵的談判技巧	360 元
137	生產部門、行銷部門績效考核手冊	360 元
138	管理部門績效考核手冊	360 元
139	行銷機能診斷	360 元
140	企業如何節流	360 元
141	責任	360 元
142	企業接棒人	360 元
144	企業的外包操作管理	360 元

145	主管的時間管理	360 元
146	主管階層績效考核手冊	360 元
147	六步打造績效考核體系	360 元
148	六步打造培訓體系	360 元
149	展覽會行銷技巧	360 元
150	企業流程管理技巧	360 元
152	向西點軍校學管理	360 元
153	全面降低企業成本	360 元
154	領導你的成功團隊	360 元
155	頂尖傳銷術	360 元
156	傳銷話術的奧妙	360 元
159	各部門年度計劃工作	360 元
160	各部門編制預算工作	360 元
163	只爲成功找方法，不爲失敗找藉口	360 元
167	網路商店管理手冊	360 元
168	生氣不如爭氣	360 元
170	模仿就能成功	350 元
171	行銷部流程規範化管理	360 元
172	生產部流程規範化管理	360 元
173	財務部流程規範化管理	360 元
174	行政部流程規範化管理	360 元
176	每天進步一點點	350 元
177	易經如何運用在經營管理	350 元
178	如何提高市場佔有率	360 元
180	業務員疑難雜症與對策	360 元
181	速度是贏利關鍵	360 元
182	如何改善企業組織績效	360 元
183	如何識別人才	360 元
184	找方法解決問題	360 元
185	不景氣時期，如何降低成本	360 元

186	營業管理疑難雜症與對策	360 元
187	廠商掌握零售賣場的竅門	360 元
188	推銷之神傳世技巧	360 元
189	企業經營案例解析	360 元
191	豐田汽車管理模式	360 元
192	企業執行力（技巧篇）	360 元
193	領導魅力	360 元
197	部門主管手冊(增訂四版)	360 元
198	銷售說服技巧	360 元
199	促銷工具疑難雜症與對策	360 元
200	如何推動目標管理（第三版）	390 元
201	網路行銷技巧	360 元
202	企業併購案例精華	360 元
204	客戶服務部工作流程	360 元
205	總經理如何經營公司(增訂二版)	360 元
206	如何鞏固客戶（增訂二版）	360 元
207	確保新產品開發成功(增訂三版)	360 元
208	經濟大崩潰	360 元
209	鋪貨管理技巧	360 元
210	商業計劃書撰寫實務	360 元
212	客戶抱怨處理手冊(增訂二版)	360 元
214	售後服務處理手冊（增訂三版）	360 元
215	行銷計劃書的撰寫與執行	360 元
216	內部控制實務與案例	360 元
217	透視財務分析內幕	360 元
219	總經理如何管理公司	360 元
222	確保新產品銷售成功	360 元
223	品牌成功關鍵步驟	360 元
224	客戶服務部門績效量化指標	360 元
226	商業網站成功密碼	360 元

227	人力資源部流程規範化管理（增訂二版）	360 元
228	經營分析	360 元
229	產品經理手冊	360 元
230	診斷改善你的企業	360 元
231	經銷商管理手冊（增訂三版）	360 元
232	電子郵件成功技巧	360 元
233	喬・吉拉德銷售成功術	360 元
234	銷售通路管理實務〈增訂二版〉	360 元
235	求職面試一定成功	360 元
236	客戶管理操作實務〈增訂二版〉	360 元
237	總經理如何領導成功團隊	360 元
238	總經理如何熟悉財務控制	360 元
239	總經理如何靈活調動資金	360 元
240	有趣的生活經濟學	360 元
241	業務員經營轄區市場（增訂二版）	360 元
242	搜索引擎行銷	360 元
243	如何推動利潤中心制度（增訂二版）	360 元
244	經營智慧	360 元
245	企業危機應對實戰技巧	360 元
246	行銷總監工作指引	360 元
247	行銷總監實戰案例	360 元
248	企業戰略執行手冊	360 元
249	大客戶搖錢樹	360 元
250	企業經營計畫〈增訂二版〉	360 元
251	績效考核手冊	360 元
252	營業管理實務（增訂二版）	360 元

253	銷售部門績效考核量化指標	360 元
254	員工招聘操作手冊	360 元
255	總務部門重點工作（增訂二版）	360 元
256	有效溝通技巧	360 元
257	會議手冊	360 元
258	如何處理員工離職問題	360 元
259	提高工作效率	360 元
260	贏在細節管理	360 元
261	員工招聘性向測試方法	360 元
262	解決問題	360 元
263	微利時代制勝法寶	360 元

《商店叢書》

4	餐飲業操作手冊	390 元
5	店員販賣技巧	360 元
9	店長如何提升業績	360 元
10	賣場管理	360 元
12	餐飲業標準化手冊	360 元
13	服飾店經營技巧	360 元
14	如何架設連鎖總部	360 元
18	店員推銷技巧	360 元
19	小本開店術	360 元
20	365 天賣場節慶促銷	360 元
21	連鎖業特許手冊	360 元
25	如何撰寫連鎖業營運手冊	360 元
26	向肯德基學習連鎖經營	350 元
29	店員工作規範	360 元
30	特許連鎖業經營技巧	360 元
32	連鎖店操作手冊（增訂三版）	360 元
33	開店創業手冊〈增訂二版〉	360 元
34	如何開創連鎖體系〈增訂二版〉	360 元
35	商店標準操作流程	360 元
36	商店導購口才專業培訓	360 元
37	速食店操作手冊〈增訂二版〉	360 元
38	網路商店創業手冊〈增訂二版〉	360 元
39	店長操作手冊（增訂四版）	360 元
40	商店診斷實務	360 元
41	店鋪商品管理手冊	360 元
42	店員操作手冊（增訂三版）	360 元

《工廠叢書》

1	生產作業標準流程	380 元
5	品質管理標準流程	380 元
6	企業管理標準化教材	380 元
9	ISO 9000 管理實戰案例	380 元
10	生產管理制度化	360 元
11	ISO 認證必備手冊	380 元
12	生產設備管理	380 元
13	品管員操作手冊	380 元
15	工廠設備維護手冊	380 元
16	品管圈活動指南	380 元
17	品管圈推動實務	380 元
20	如何推動提案制度	380 元
24	六西格瑪管理手冊	380 元
29	如何控制不良品	380 元
30	生產績效診斷與評估	380 元
32	如何藉助 IE 提升業績	380 元
35	目視管理案例大全	380 元
38	目視管理操作技巧（增訂二版）	380 元
40	商品管理流程控制（增訂二版）	380 元

42	物料管理控制實務	380 元
43	工廠崗位績效考核實施細則	380 元
46	降低生產成本	380 元
47	物流配送績效管理	380 元
49	6S 管理必備手冊	380 元
50	品管部經理操作規範	380 元
51	透視流程改善技巧	380 元
55	企業標準化的創建與推動	380 元
56	精細化生產管理	380 元
57	品質管制手法〈增訂二版〉	380 元
58	如何改善生產績效〈增訂二版〉	380 元
59	部門績效考核的量化管理〈增訂三版〉	380 元
60	工廠管理標準作業流程	380 元
61	採購管理實務〈增訂三版〉	380 元
62	採購管理工作細則	380 元
63	生產主管操作手冊(增訂四版)	380 元
64	生產現場管理實戰案例〈增訂二版〉	380 元
65	如何推動 5S 管理（增訂四版）	380 元
66	如何管理倉庫（增訂五版）	380 元
67	生產訂單管理步驟〈增訂二版〉	380 元

《醫學保健叢書》

1	9 週加強免疫能力	320 元
2	維生素如何保護身體	320 元
3	如何克服失眠	320 元
4	美麗肌膚有妙方	320 元
5	減肥瘦身一定成功	360 元
6	輕鬆懷孕手冊	360 元
7	育兒保健手冊	360 元
8	輕鬆坐月子	360 元
10	如何排除體內毒素	360 元
11	排毒養生方法	360 元
12	淨化血液　強化血管	360 元
13	排除體內毒素	360 元
14	排除便秘困擾	360 元
15	維生素保健全書	360 元
16	腎臟病患者的治療與保健	360 元
17	肝病患者的治療與保健	360 元
18	糖尿病患者的治療與保健	360 元
19	高血壓患者的治療與保健	360 元
21	拒絕三高	360 元
22	給老爸老媽的保健全書	360 元
23	如何降低高血壓	360 元
24	如何治療糖尿病	360 元
25	如何降低膽固醇	360 元
26	人體器官使用說明書	360 元
27	這樣喝水最健康	360 元
28	輕鬆排毒方法	360 元
29	中醫養生手冊	360 元
30	孕婦手冊	360 元
31	育兒手冊	360 元
32	幾千年的中醫養生方法	360 元
33	免疫力提升全書	360 元
34	糖尿病治療全書	360 元
35	活到 120 歲的飲食方法	360 元
36	7 天克服便秘	360 元

37	爲長壽做準備	360 元
38	生男生女有技巧〈增訂二版〉	360 元

《培訓叢書》

4	領導人才培訓遊戲	360 元
8	提升領導力培訓遊戲	360 元
11	培訓師的現場培訓技巧	360 元
12	培訓師的演講技巧	360 元
14	解決問題能力的培訓技巧	360 元
15	戶外培訓活動實施技巧	360 元
16	提升團隊精神的培訓遊戲	360 元
17	針對部門主管的培訓遊戲	360 元
18	培訓師手冊	360 元
19	企業培訓遊戲大全（增訂二版）	360 元
20	銷售部門培訓遊戲	360 元
21	培訓部門經理操作手冊（增訂三版）	360 元
22	企業培訓活動的破冰遊戲	360 元

《傳銷叢書》

4	傳銷致富	360 元
5	傳銷培訓課程	360 元
7	快速建立傳銷團隊	360 元
9	如何運作傳銷分享會	360 元
10	頂尖傳銷術	360 元
11	傳銷話術的奧妙	360 元
12	現在輪到你成功	350 元
13	鑽石傳銷商培訓手冊	350 元
14	傳銷皇帝的激勵技巧	360 元
15	傳銷皇帝的溝通技巧	360 元
16	傳銷成功技巧（增訂三版）	360 元
17	傳銷領袖	360 元

《幼兒培育叢書》

1	如何培育傑出子女	360 元
2	培育財富子女	360 元
3	如何激發孩子的學習潛能	360 元
4	鼓勵孩子	360 元
5	別溺愛孩子	360 元
6	孩子考第一名	360 元
7	父母要如何與孩子溝通	360 元
8	父母要如何培養孩子的好習慣	360 元
9	父母要如何激發孩子學習潛能	360 元
10	如何讓孩子變得堅強自信	360 元

《成功叢書》

1	猶太富翁經商智慧	360 元
2	致富鑽石法則	360 元
3	發現財富密碼	360 元

《企業傳記叢書》

1	零售巨人沃爾瑪	360 元
2	大型企業失敗啓示錄	360 元
3	企業併購始祖洛克菲勒	360 元
4	透視戴爾經營技巧	360 元
5	亞馬遜網路書店傳奇	360 元
6	動物智慧的企業競爭啓示	320 元
7	CEO 拯救企業	360 元
8	世界首富　宜家王國	360 元
9	航空巨人波音傳奇	360 元
10	傳媒併購大亨	360 元

《智慧叢書》

1	禪的智慧	360 元
2	生活禪	360 元

3	易經的智慧	360 元
4	禪的管理大智慧	360 元
5	改變命運的人生智慧	360 元
6	如何吸取中庸智慧	360 元
7	如何吸取老子智慧	360 元
8	如何吸取易經智慧	360 元
9	經濟大崩潰	360 元
10	有趣的生活經濟學	360 元

《DIY 叢書》

1	居家節約竅門 DIY	360 元
2	愛護汽車 DIY	360 元
3	現代居家風水 DIY	360 元
4	居家收納整理 DIY	360 元
5	廚房竅門 DIY	360 元
6	家庭裝修 DIY	360 元
7	省油大作戰	360 元

《財務管理叢書》

1	如何編制部門年度預算	360 元
2	財務查帳技巧	360 元
3	財務經理手冊	360 元
4	財務診斷技巧	360 元
5	內部控制實務	360 元
6	財務管理制度化	360 元
8	財務部流程規範化管理	360 元
9	如何推動利潤中心制度	360 元

為方便讀者選購，本公司將一部分上述圖書又加以專門分類如下：

《企業制度叢書》

1	行銷管理制度化	360 元
2	財務管理制度化	360 元
3	人事管理制度化	360 元
4	總務管理制度化	360 元
5	生產管理制度化	360 元
6	企劃管理制度化	360 元

《主管叢書》

1	部門主管手冊	360 元
2	總經理行動手冊	360 元
4	生產主管操作手冊	380 元
5	店長操作手冊（增訂版）	360 元
6	財務經理手冊	360 元
7	人事經理操作手冊	360 元
8	行銷總監工作指引	360 元
9	行銷總監實戰案例	360 元

《總經理叢書》

1	總經理如何經營公司(增訂二版)	360 元
2	總經理如何管理公司	360 元
3	總經理如何領導成功團隊	360 元
4	總經理如何熟悉財務控制	360 元
5	總經理如何靈活調動資金	360 元

《人事管理叢書》

1	人事管理制度化	360 元
2	人事經理操作手冊	360 元
3	員工招聘技巧	360 元
4	員工績效考核技巧	360 元
5	職位分析與工作設計	360 元
7	總務部門重點工作	360 元
8	如何識別人才	360 元
9	人力資源部流程規範化管理（增訂二版）	360 元
10	員工招聘操作手冊	360 元
11	如何處理員工離職問題	360 元

《理財叢書》

1	巴菲特股票投資忠告	360 元
2	受益一生的投資理財	360 元
3	終身理財計劃	360 元
4	如何投資黃金	360 元
5	巴菲特投資必贏技巧	360 元
6	投資基金賺錢方法	360 元
7	索羅斯的基金投資必贏忠告	360 元
8	巴菲特爲何投資比亞迪	360 元

《網路行銷叢書》

1	網路商店創業手冊〈增訂二版〉	360 元
2	網路商店管理手冊	360 元
3	網路行銷技巧	360 元
4	商業網站成功密碼	360 元
5	電子郵件成功技巧	360 元
6	搜索引擎行銷	360 元

《企業計畫叢書》

1	企業經營計劃	360 元
2	各部門年度計劃工作	360 元
3	各部門編制預算工作	360 元
4	經營分析	360 元
5	企業戰略執行手冊	360 元

《經濟叢書》

1	經濟大崩潰	360 元
2	石油戰爭揭秘(即將出版)	

經營顧問叢書 262　　售價：360 元

解決問題

西元二〇一一年五月　　初版一刷

編著：張崇明

策劃：麥可國際出版有限公司（新加坡）

編輯：蕭玲

校對：洪飛娟

發行人：黃憲仁

發行所：憲業企管顧問有限公司

電話：(02) 2762-2241　(03) 9310960　0930872873

臺北聯絡處：臺北郵政信箱第 36 之 1100 號

銀行 ATM 轉帳：合作金庫銀行　帳號：**5034-717-347447**

郵政劃撥：**18410591　憲業企管顧問有限公司**

登記證：行政業新聞局版台業字第 6380 號

圖書編號 ISBN：978-986-6084-02-7